云南
大麦育种科研进展

王志龙　于亚雄 ◎ 主编

中国农业出版社
北　京

图书在版编目（CIP）数据

云南大麦育种科研进展 / 王志龙，于亚雄主编. --
北京：中国农业出版社，2025. 2. -- ISBN 978-7-109
-33083-2

Ⅰ. S512.303.2

中国国家版本馆 CIP 数据核字第 2025Q00H81 号

中国农业出版社出版

地址：北京市朝阳区麦子店街 18 号楼
邮编：100125
责任编辑：闫保荣　　文字编辑：孙　飞
版式设计：小荷博睿　　责任校对：吴丽婷
印刷：北京通州皇家印刷厂
版次：2025 年 2 月第 1 版
印次：2025 年 2 月北京第 1 次印刷
发行：新华书店北京发行所
开本：700mm×1000mm　1/16
印张：11.5　　插页：4
字数：210 千字
定价：78.00 元

主　编　王志龙　于亚雄

编　者（以姓氏笔画为序）

于亚雄　王志龙　王志伟　戈芹英

乔祥梅　刘　列　刘　帆　刘猛道

李红艳　李晓荣　沙　云　沈成春

阿　堆　郑树东　宗兴梅　赵加涛

赵锦龙　段江华　徐　宁　唐永生

涂云超　黄廷芝　程　耿　程加省

温宪勤

近年来，大麦在云南的种植面积为 300 万亩*左右，既可以为养殖业提供饲草饲料，也可以为麦芽和啤酒工业提供原料，还可以为藏区居民提供粮食。云南省作为中国大麦主产区之一，2015 年大麦种植面积突破了 380 万亩，是全国大麦种植面积最大的省份，为全国大麦生产做出了突出的贡献。

从 1974 年，云南省开始有目的地开展大麦引种鉴定工作以来，至今已经发展了 50 年，其中在 1989 年，首次有大麦品种通过云南省级审定。截至 2024 年 7 月，云南省通过国家非主要农作物品种登记的大麦品种达到 101 个，占全国大麦品种数量的 33%，是我国登记大麦品种数量最多的省份，其间涌现出了一大批有影响力的大麦品种，如 V43、S500、S-4、82-1、云大麦 1 号、云大麦 2 号、云大麦 10 号、云大麦 12 号、云大麦 14 号、保大麦 8 号、保大麦 14 号、保啤麦 28、凤大麦 6 号、凤大麦 7 号、凤 0339、云青 2 号、长黑青稞、玖格等品种，这些品种的选育与推广为云南大麦产业的发展做出了突出贡献。

面对如今云南大麦多元化的产业需求，大麦育种工作者在坚持以啤饲大麦品种选育为主线的基础上，同时针对不同产业的需求，开展特殊大麦品种选育工作，如针对青稞酒加工需求选育了高淀粉酒用冬青稞品种云青 602，针对养殖业青贮饲料需求选育了青贮专用大麦品种云贮麦 1 号、保饲麦 32 号等品种，为云南省大麦多元化利用提供了支撑。

为系统总结云南省大麦育种科研进展，为下一步大麦育种工作提供思路和帮助，云南省农业科学院粮食作物研究所在"云南省现代农业麦类产业技术体

---

*　亩为非法定计量单位，1 亩＝1/15 公顷≈667 米²。——编者注

系首席科学家——于亚雄"等项目经费的支持下，依托云南省现代农业麦类产业技术体系、云南省麦类遗传育种创新团队等平台，联合云南省内从事大麦育种等方面的专家撰写了《云南大麦育种科研进展》。本书是一部系统梳理、总结云南省大麦育种历程的专著，客观、全面地总结了云南省种质资源收集和利用、品种的更替、品种选育历程和进展、品种保护现状、入选的主导品种和主推技术、获得的省部级奖励等情况，以供云南省大麦育种工作者参考。

本书的编写得到了云南省科学技术厅、云南省农业农村厅和云南省农业科学院等单位在项目和经费上的支持和帮助，得到了云南省内各州（市）、县农业科学院（所、站）等单位的大力支持，同时本书参考引用了大量文献，在此一并表示感谢。虽然编委会搜罗了大量的参考资料，但因编者水平有限和资料的缺失，书中不当之处，恳请各位专家学者和读者批评指正。

编　者

2024 年 8 月 7 日

目 录

附图　云南省农业科学院粮食作物研究所大麦育种工作及品种照片

概　论

大麦（*Hordeum vulgare* L.）是禾本科大麦属一年生草本植物，因其具有抗寒、抗旱、耐盐碱、耐贫瘠和适应性广等特性，在世界各地的多种生态环境类型中被种植，包括各种极端气候地区，是适应性最广泛的谷物之一，近代史上其栽培面积最大曾达到 15 亿亩。目前，大麦在全球 150 多个国家和地区均有栽培，据报道，2019 年，世界大麦总收获面积为 7.7 亿亩，总产量约为 1.5 亿吨，仅次于玉米、小麦、水稻而居禾谷类第 4 位，种植面积欧洲最大，亚洲次之，其后为美洲、非洲、大洋洲，主产国家（地区）依次为欧盟、俄罗斯、乌克兰、加拿大、澳大利亚等。

大麦有悠久的栽培历史，中东、埃及一带发现了新石器时代早期的大麦遗物。通常认为，大麦原产于西亚美索不达米亚一带，后传播至东亚、北非和欧洲。公元前 3000 年，美索不达米亚和古埃及都有关于大麦的文字记载，中国商代甲骨文中也有记载，说明大麦在这些地区已有广泛栽培，其一个变种"青稞"则在海拔 4 000 米的青藏高原已有 3 500～4 000 年的驯化历史，已经完全适应了极端高寒气候。

大麦可以划分为不同的类型，这些不同的类型具有不同的目的和价值：根据用途可以划分为啤酒大麦、饲料大麦和食用加工大麦；根据穗粒行数，可以分为二棱和六棱两种不同的形态，在二棱大麦中，每个节点只有 1 个小穗是可育的，而在六棱大麦中所有 3 个小穗都是可育的；根据籽粒稃壳的有无可以分为皮大麦和裸大麦，皮大麦是有稃大麦，而裸大麦是尼泊尔、印度、不丹、中国西藏高海拔地区的主要粮食作物。

据报道，大麦被用作人类的主食、动物的饲料、啤酒和威士忌生产的关键原料，其中 70％用于饲料，其次约 16％用于制麦芽或其他工业用料，仅 14％

用作食物。大麦营养全面，富含多种活性成分，如酚类、麦黄酮等，具有高蛋白质、高纤维素、低糖、低脂的优点，具有降低血糖血脂以及改善肠道健康等多种功效，此外大麦还富含钙、铁等多种微量元素和维生素 B_1、维生素 B_2，营养价值高于小麦、玉米，是谷物食品中较优的全价营养食品。大麦中含有 10％左右的蛋白质，外壳蛋白较少，但其含有大量限制性氨基酸——赖氨酸，胚乳中含有较多的谷氨酸和脯氨酸，可在酶的作用下，转化成为具有降低血压、预防肥胖和防止动脉硬化等多种生理功效的 γ-氨基丁酸等。大麦中的膳食纤维含量较高，尤其是含有丰富的可溶性膳食纤维，如 β-葡聚糖，它具有调脂降糖、抗癌和改善肠道健康等多种生理功能。大麦中的不饱和脂肪酸，如油酸、亚油酸等，摄入后能够在体内合成必需脂肪酸，供人体吸收利用，营养价值较高。大麦中的酚类化合物种类丰富，具有抗氧化、抗衰老等多种功效。大麦富含多种维生素和矿物质，能够有效降低人体的低密度脂蛋白和总胆固醇含量，具有预防动脉粥样硬化的功效。此外大麦中还含有少量的维生素 E 和钙、磷元素等有益于人体健康的成分。

相比国外，我国大麦产业的发展起步晚、水平低，大麦原料主要是用于养殖饲料制作（70％）、传统酿造工业（20％）以及食用（10％）。在大麦的加工利用方面，初加工产品主要包括大麦米、大麦茶等几类，深加工则聚焦于对大麦中功能性成分的提取，如膳食纤维、β-葡聚糖的提取，以及将这些提取物作为食品配料应用于其他食品加工中，达到改善食品的加工特性或食用性能的目的。鉴于我国大麦资源的丰富性和大麦本身具有较优的营养性、功能性，大麦资源还有待进一步开发与利用。

云南省大麦常年种植面积在 300 万亩左右，主要是全株粉碎用作饲料，同时为麦芽和啤酒工业提供原料，为藏区居民提供粮食。云南省作为中国大麦主产区之一，2015 年大麦种植面积突破了 380 万亩，成为全国种植大麦面积最大的省份，为全国大麦生产做出了突出的贡献，在全国大麦生产中具有重要地位。截至 2024 年 7 月，云南省共有国家登记大麦品种 101 个，是全国登记大麦品种数量最多的省份；云南省拥有育种单位 10 家，是全国从事大麦育种单位数量排名第 2 的省份，其中云南省农业科学院粮食作物研究所育成 29 个大麦品种，是全国育成大麦品种数量最多的单位；同时，保山市农业科学研究所以 24 个品种数量居第 3 位，大理白族自治州农业科学推广研究院以 9 个品种居第 10 位。

第一章　大麦的起源及国外大麦育种科研概况

第一节　大麦的起源与演化

大麦是一种古老的作物，人类对其的驯化和利用至今已有几千年历史，甚至可以追溯到农业文明本身起源的时间。1979年考古学家在埃及发现了距今1万多年前的野生大麦种子，2004年又在以色列西海岸发现了距今约2万年前的野生大麦种子，可见大麦的起源十分久远，是世界上最古老的种植作物之一。

栽培大麦是由野生大麦演化而来的，现今尚有与栽培大麦亲缘关系密切的野生二棱大麦和野生六棱大麦，关于其具体的演化过程，学术界尚存争议。有研究认为大麦有多个起源中心，至少经历了两次驯化过程。目前较受推崇的说法有两种，即"近东起源学说"和"多起源中心学说"，其中的"近东起源学说"认为，现今的栽培大麦起源于近东"新月沃土"地区，野生二棱大麦为祖先种，该地区气候和海拔等环境条件有利于作物的栽培，适宜各农业物种的起源发展和进化。"多起源中心学说"的最早提出者是1926年的苏联著名遗传学家及植物育种学家瓦维洛夫（Vavilov），他从全世界各主要大麦栽培地区收集了16 000份大麦材料标本并进行了实地考察和分析，提出了栽培六棱大麦起源于中国西部山区及中间的陆地地区。下面简要描述两个学者关注的大麦起源中心学说。

一、近东起源中心

"近东起源学说"认为大麦起源于新月沃地，因为这一地区有栽培大麦的祖先二棱大麦。所谓"新月沃土"地区，是指西亚、北非地区两河流域及附近一连串肥沃的土地，包括以色列、巴勒斯坦、黎巴嫩、约旦部分地区、叙利亚，以及伊拉克和土耳其的东南部、埃及东北部，由于在地图上好似一弯新月，所以美国芝加哥大学的考古学家詹姆士·布雷斯特德（James Henry Breasted）把这一大片肥美的土地称为"新月沃土"。

"近东起源学说"最早由 Komicke 和 Wemer 提出，后由谷物学家 Harlan 加以完善。Harlan（1971）经过多年研究，提出了中心和非中心论，该学说认为农业独立起源于 3 个地区，每个农业发源地区存在中心区域和非中心区域，近东地区是这三个地区之一。支持"近东起源学说"的主要是种类繁多的考古学证据以及历史文化证据，一些学者认为考古背景下野生大麦最早的证据来自新月沃地的 Ohalo Ⅱ 遗址*；另一些学者则认为野生大麦最早的证据来自库尔德斯坦的耶莫遗址（Jarmo Site），也就是今天的伊拉克地区，但两处遗址均在新月沃地，因此，新月沃地是目前国际上公认的大麦等作物的起源中心（Zohary and Hopf，2000）。此地区发现了很多考古证据，其中据 Åberg（1950）报道在金字塔中发现了公元前 3 世纪古埃及第三王朝时期的大麦，Bell（1953）报道在 Cilicia 的 Mersin 发现的大麦据推测存在于公元前四十世纪初期或更早，Helbaek 等（1964）在伊拉克地区发现的大麦籽粒碳化物也被研究证明存在于公元前 7 世纪之前，其中还发现了一些由野生大麦向栽培大麦过渡类型的材料。此外，Badr（2000）等利用 AFLP 分子标记技术，在分子水平上证明了以色列和约旦的野生大麦和栽培大麦的基因库更相似。Morrell 以不同地域大麦间单倍型频率为主进行分析，推断出了大麦的两次驯化过程，而其中一次就发生于近东地区（Morrell et al.，2007）。以上证据都有力地支持"近东起源学说"。

二、西藏起源中心

有研究表明，除了近东是驯化中心外，西藏也是大麦驯化的中心之一（Dai et al.，2012），这一假设基于 1938 年瑞典植物学家 Åberg 在中国四川甘孜首次发现并报道了野生六棱大麦的存在，认为栽培大麦进化自野生六棱大麦，初步认定了中国西藏地区是六棱大麦的起源地之一。后续科学家们在青藏

---

　　* Ohalo Ⅱ 是位于以色列裂谷的加利利海西南岸的一个淹没的晚期旧石器时代遗址的名称。——作者注

高原各地陆续发现了野生大麦。此外，在西藏还发现了从野生大麦（二棱皮大麦）到青稞（六棱裸大麦）的各种中间型大麦，例如二棱裸大麦和六棱皮大麦。在西藏，野生多棱大麦和中间型大麦并不作为野生种群存在，而只是以杂草的形式出现在该地区的田地边缘，世世代代被藏族人称为西藏杂草大麦，很多中国青稞研究者将它们称为西藏半野生大麦。因此，中国的一些青稞研究者认为，青稞是由西藏本土的野生大麦演化而来，西藏也是世界大麦的演化中心之一。

其中徐廷文等（1985）通过对西藏地区野生大麦农艺性状进行调查，发现该地区大麦资源丰富，在春性、色泽、小穗轴长毛等特性上，西藏野生大麦与国内栽培大麦相类似，却不同于近东栽培大麦，遗传多样性明显且不同于西亚的栽培大麦，因此西藏可被认定为起源中心。2013 年任喜峰等收集了来自西亚、中亚和青藏高原地区的野生大麦和中国栽培大麦共 103 份，分析其 *Nam* 和 *HTL* 两个蛋白编码基因的序列差异，结果显示青藏高原野生大麦和中国栽培大麦的单倍型相同，而与产自于中亚和西亚的野生大麦存在明显差异，并且产自青藏高原地区的野生大麦能够和中国的栽培大麦聚到一起。2014 年，张国平等与以色列等国同行利用全基因组覆盖尺度的分子标记，对 75 个中东野生大麦和 95 个西藏野生大麦材料以及世界各地的栽培大麦代表性品种进行系统比较和分析，结果表明，中东和西藏野生大麦分别归属于两个大的类群，它们大约在 276 万年前开始分化。青藏高原及其周边地区广泛种植的青稞（裸大麦）与中东野生大麦及其他地区的栽培大麦品种遗传关系较远，而与西藏野生大麦具有较强的遗传相似性，这证明中国的六棱裸大麦直接起源于西藏野生大麦。作者认为现代栽培大麦基因组同时源于中东新月沃地和我国青藏高原地区的野生大麦，且总体上两地的野生大麦基因组对栽培大麦基因组的贡献相当，但两者的染色体有显著差异。

由于西藏杂草大麦具有西亚地区野生大麦的脆穗特性，因而青藏高原地区一度被认为是大麦的起源中心或驯化中心，形成了大麦多起源或多驯化学说。对于大麦是单一起源或者在不同地区多起源，数十年来大麦学术界争论不休。那么，存在野生大麦的地区会是大麦的起源中心吗？然而，最新的研究表明，西藏并不是世界大麦演化中心，在西藏发现的西藏六棱野生大麦和西藏半野生大麦并非真正的野生大麦，而是栽培大麦野化起源或是栽培和野生大麦自然杂交起源。曾兴权等（2018）基于 437 个种质的全基因组重测序数据和已发表的外显子组捕获重测序数据，发现当代青稞源自东部驯化大麦，最有可能在 4 500 至 3 500 年前通过巴基斯坦北部、印度和尼泊尔引入我国西藏南部。青稞的低遗传多样性表明，西藏可以被排除在大麦的原产地或驯化中心之外。2024 年，杨平等对具有广泛代表性的西藏杂草大麦、西亚野生大麦、国内外的大麦地方品种和选育品种等 965 份材料进行了群体结构分析、主成分分析以及进化树分析等，发现西藏杂草大麦与青稞的遗传关系最近，其与栽培大麦的遗传关系比西亚野生大麦更近，该结论在全球大麦多样性核心群体 CORE1000 的分析结果中得到进一步证实。这些结果表明，西藏杂草大麦是由栽培大麦经杂交重组脱驯化产生，不是栽培大麦的祖先种。

第二节　国外大麦种质资源保存及利用

种质资源因具有丰富的遗传多样性，蕴藏着各种潜在可利用的基因，是作物育种、农业科技原始创新与现代种业发展的物质基础，是保障全球粮食安全和绿色发展的基础资源，是现代生物科技的"芯片"，关乎人类社会可持续发展。发达国家把在全球收集遗传资源作为国家战略，一方面严控核心遗传资源的输出，另一方面注重对国外种质资源的收集。根据世界自然基金会（WWF）发布的《地球生命力报告 2020》，全球 22% 的植物正面临灭绝风险。为此世界各国日益加强对种质资源的保护，建设现代化低温低湿种质资源库成为保存种质资源的重要手段。

近年来，随着《生物多样性公约》《粮食和农业植物遗传资源国际条约》等的相继实施和生物技术及其产业的迅猛发展，世界各国更加深刻认识到种质资源的战略地位，纷纷加强种质资源的收集和保护工作。早在 1898 年，美国农业部就已成立植物引种办公室，共派出考察队赴世界各地收集种质资源 200 余次，收集各类种质资源 60 万余份（其中 80% 以上来自国外），为其成为世界植物种质资源第 1 大国奠定了基础。1968 年，联合国粮食及农业组织（以下简称联合国粮农组织，FAO）的作物生态与遗传资源小组开始收集和分类遗传资源。1972 年在斯德哥尔摩（Stockholm）举行的人类环境大会上，美国国会呼吁启动大麦、高粱和黍等作物的重要遗传资源鉴定的项目（Harlan，1975）。国际农业磋商小组（CGIAR）在 1974 年专门成立了国际植物遗传资源咨询委员会（IBPGR），主要开展种质资源的收集、保护、评估和利用，并于 1981 年 7 月，召开了有关大麦种质资源的特别工作小组会议，总结了当时的种质资源情况，确立了种质资源的优先级，并讨论了大麦种质资源全球基地中心的分布。2007 年，国际干旱地区农业研究中心（ICARDA）受联合国全球农作物多样性信托基金（Global Crop Diversity Trust，GCDT）委托，以德国莱布尼茨植物遗传学和作物植物研究所为主要来源地，对全球大麦基因资源种质目录进行了分类，总共调查了 47 个主要的大麦种质资源收集库，共有402 000 份材料，在已知信息的 290 820 份种质中，15％是近缘野生种，44％是地方品种，17％为育种材料，9％是遗传材料，15％是主栽品种。

　　收集到的种质资源通常存放在种质资源库，简称种质库，由于其存放的大多是种子类种质资源，所以俗称种子库，也被形象地称为"种子银行"。20 世纪 20 年代，苏联著名科学家瓦维洛夫对全世界的种质资源进行了空前广泛的考察和搜集，前后组织了 180 余次考察工作，先后到达亚洲、欧洲、美洲、非洲四大洲 60 多个国家，收集各类作物种质资源 15 万多份。同时，瓦维洛夫率先提出了建立种子银行的设想，并在圣彼得堡建立了世界上第 1 个种子银行——瓦维洛夫种子库（瓦维洛夫植物工业研究所），瓦维洛夫种子库被认为是世界上最古老的种子库之一，开创了集中大量保存种质资源的先河。1958 年，美国在柯林斯堡建立了世界上第 1 座大型现代化种质库——国家种质贮存实验室（NSSL，2002 年更名为国家遗传资源保护中心，即 NCGRP）。迄今为止全球已建成种子库约 1 750 座。据"大麦种质异地保存与利用的全球战略"（global strategy for the ex situ conservation and use of barley germplasm）报道，在全球 49 个主要收集地共保存有 40.2 万份材料。

　　下面介绍几个主要的种质资源库。

1. 瓦维洛夫全俄植物工业研究所

　　瓦维洛夫全俄植物工业研究所（现名：俄罗斯联邦研究中心植物遗传资源研究所）是世界著名的植物学科研机构与遗传种子库，该研究所位于圣彼得堡（列宁格勒）市中心圣以撒大教堂后面，收藏了超过 325 000 个种子样本，其中包括可能会永久丢失的农作物种子，例如 20 世纪 70 年代内战期间几乎被摧毁的埃塞俄比亚小麦。20 世纪 20 年代，俄罗斯科学家瓦维洛夫率先提出了建立种子银行的设想，并在圣彼得堡建立了世界上第 1 个种子银行——瓦维洛夫植物工业研究所，该研究所被认为是世界上最古老的种子库之一。

2. 国际干旱地区农业研究中心（ICARDA）

　　国际干旱地区农业研究中心源于 1973 年的一项关于近东和北非干旱地区各国面临的粮食安全挑战的研究，在 1977 年国际旱地农业研究中心正式成立，2012 年之前，总部位于叙利亚阿勒颇，2012 年暂时将总部设在黎巴嫩的贝鲁特，现中心总干事为 Aly Abousabaa 先生。至今 ICARDA 已在全球

50 个国家实施了研究促进发展计划，从北非的摩洛哥到南亚的孟加拉国，覆盖面广泛。国际干旱地区农业研究中心基因库现有 15.2 万余份来自 110 个国家的作物种质资源，包括农家种、改良品种及其野生近缘物种等，涉及小麦、大麦、燕麦及其他禾谷类作物，食用豆类作物，牧草作物、牧草植物及其野生种，每年 ICARDA 向国家合作伙伴和全球研究机构分发 6 000 至 8 000 份种质资源。主要研究项目包括生物多样性及整合的基因资源管理等。国际干旱地区农业研究中心收集的大麦种质资源达 2 万多份，其中拥有超过 15 500 份大麦地方品种种质资源。

3. 中国农业科学院（CAAS）国家种质库

中国农业科学院国家种质库于 1984 年 8 月在北京建成，是中国第 1 座现代化的作物品种资源种子贮藏库。1999 年 3 月由农业部专项批准新建国家农作物种质保存中心，2002 年 11 月落成投入使用，总建筑面积 3 500 米²，由种质保存区、前处理加工区和研究试验区三部分组成。保存区建设面积为 1 700 米²，长期库的贮藏温度为 $-18℃±2℃$，相对湿度为 $≤50\%$，保存容量为 20 万份以上，用于长期保存全国农业植物种质资源，包括农家种、育成品种和近缘野生材料等。"国家农作物种质保存中心"保存设施投入使用后，加上原有的国家库长期库的 40 万份容量，总保存容量达到百万份以上，基本满足 30 年内我国发展的需要，同时也将使得国家种质库保存的种质资源能在我国作物育种和生产方面发挥更大的作用。2021 年 9 月，国家农作物种质资源库新库在中国农业科学院建成，并投入试运行。作为全球单体量最大、保存能力最强的国家级种质库，这里可以收藏各类珍贵的农作物种子等品种资源 150 万份，贮藏寿命最长可达 50 年，作为保障粮食安全的战略资源，堪称种子的"诺亚方舟"。截至 2020 年，种质库已经收集并保存了各类作物种质资源 51 万多份，其中中国本土资源占 76%，拥有丰富的生物多样性。据国家大麦青稞产业技术体系首席科学家张京研究员报道，截至 2023 年种子库有大麦资源近 23 000 份。

4. 美国农业部国家植物种质库

美国国家植物种质库（NPGS）拥有 1 600 种作物品种的近 60 万份资源，主要的工作内容有：获取作物种质、保护作物种质、种质资源评价和表征、记录作物种质和分发作物种质资源，美国国家植物种质库每年在美国和国际上免费分发约 250 000 份种质资源。美国农业部也是世界上最大的大麦种质收集组织之一，收集和保存了 33 176 份大麦材料，这些材料包括了来自 100 多个国家的品种、品系、地方品种和遗传资源。

5. 德国莱布尼茨植物遗传学和作物植物研究所（Leibniz Institute of Plant Genetics and Crop Plant Research，IPK）

德国莱布尼茨植物遗传学和作物植物研究所主要研究野生和栽培植物的遗传多样性，并利用这些材料，开展具有原创性的科学研究和技术创新，实现农作物分子改良。IPK 拥有欧洲最大的种质资源保藏中心，占地面积有100 公顷，保存了 151 000 多份不同作物的种质资源，包括 3 万份小麦，以及大麦、燕麦、蔬菜、豆类、饲料、油料和土豆等作物品种资源样本。1920 年开始先后在奥地利、意大利和中国等其他国家进行材料收集，正是这些材料支撑了基因库的多样性，为保护栽培植物及其野生近缘物种免于灭绝做出了重要贡献。

6. 加拿大植物基因资源中心（Plant Gene Resources of Canada，PGRC）

加拿大植物基因资源中心建于 1970 年，隶属于加拿大农业部植物研究中心，它坐落在渥太华市区内的中央实验农场内，包括中心办公室、种子库、温室、试验地和种子处理等部分，目的是开发利用加拿大的植物种质资源和促进植物种质工作的发展及合作。PGRC 的工作和植物资源政策由加拿大植物基因资源专家委员会（Expert Committee on Plant Gene Resources）负责监督执行。该委员会由代表加拿大各政府机构、大学、生产和研究部门的专家组成，并对资源政策提出改进措施和建议。PGRC 保存的种质来源于三个方面：一是来自政府和私人所属的育种机构。在加拿大农业部种子管理部门注册的所有作物品种，PGRC 都有保存。二是由加拿大科学家们提供的在国内外采集到的品种和农作物的野生近缘种。近年来他们先后组织过中东、地中海沿岸、非洲以及墨西哥等地较大规模的植物种质采集工作。三是和其他国家交换得到的。PGRC 对各国的种质索取者总是有求必应，不仅对加拿大本地品种，就是外来品种只要库存有余也一定满足。如存储不足，则把来源告知索取者以便索取者直接和原产地联系，或送去一小部分，要求索取者繁殖后再寄回一些来。当然种子交换也要遵循一定的原则，即作为种质交换的种子只能用于育种和研究工作而不能用于商业性生产。

7. 国际玉米小麦改良中心（CIMMYT）

国际玉米小麦改良中心作为国际农业研究磋商小组下属的研究中心之一，拥有世界上最丰富的玉米、小麦种质资源，是全球最大的公共种质资源提供者之一，其中 CIMMYT 威尔豪森-安德森植物遗传资源中心目前收集并保存了28 000 份玉米种质和 15 万份小麦种质。CIMMYT 通过收集、保存和研究世界各地的玉米和小麦种质资源,为全球科学研究和育种工作提供了重要的基础。同时,还通过种质资源共享,促进了全球合作和知识交流,推动了全球玉米和小麦改良的进展。目前国际玉米小麦改良中心收集保存的大麦材料共有15 439份。

8. 日本国家农业生物资源研究所(NIAS)

日本国家农业生物资源研究所种子贮藏库的前身是1965年在神奈川县平家市建立的农林水产省农业技术研究所低温种子贮藏管理室,1983年农业技术研究所生物遗传部迁往茨城县,此后这里成为现在的农业生物资源研究所遗传资源种子贮藏库地址,该库目前存放了共计35 000份种质资源。此外,种子贮藏库还受国际遗传资源委员会委托保存小麦和稻属种质资源,以及大麦、玉米、大豆、葱属、十字花科作物、甘薯、甘蔗等作物种质资源。

9. 法国国家农业科学研究院(INRA)

法国国家农业科学研究院是法国最大的国家农业科研机构,成立于1946年,总部设于巴黎,以应用和基础理论研究为主,科研体制分为3级。2020年1月1日,法国国家农业科学研究院(INRA)和法国国家环境与农业科技研究院(IRSTEA)合并组建为法国国家农业食品与环境研究院(INRAE)。

10. 北欧遗传资源中心(NordGen)

北欧遗传资源中心是北欧国家的联合基因库和遗传资源知识中心,致力于促进牲畜、森林和植物多样性的保护和可持续利用,保存了大约12 000份种质资源。

11. 印度农业研究委员会国家植物遗传资源局(ICAR – NBPGR)

位于印度新德里的印度农业研究委员会国家植物遗传资源局的印度国家遗传银行(INGB)保存了大约7 500份大麦资源,强调多层次的多边合作,检疫已成为印度植物遗传资源的重点发展方向。

12. 埃塞俄比亚生物多样性研究所(Ethiopian Biodiversity Institute)

埃塞俄比亚植物遗传资源中心最初于1976年5月通过埃塞俄比亚和德国政府之间的双边技术合作协定建立,主要目标是使该国的植物遗传资源免受各种人类活动和自然灾害的不利影响,从而支持作物改良计划。1998年,它被重新设立为生物多样性保护研究所(IBCR),扩大了其任务和职责,以履行埃塞俄比亚对《生物多样性公约》的义务。2004年,IBCR调整为生物多样性保护研究所(IBC),最后在2013年更名为埃塞俄比亚生物多样性研究所(EBI),其至少保存了40 000个品种。

第三节　国外大麦育种进展

　　饲料和啤酒工业的快速发展促进了全球对大麦需求的持续增长，同时也促进了大麦育种科学的发展。世界上有目的地开展大麦科学育种工作始于20世纪初，最初的育种目标主要是突出高产，后来各国根据不同需要分别开展了早熟育种和抗病育种。在全球范围内，大麦改良计划使大家看到了大麦作为经济作物的巨大潜力，大麦育种活动被用于开发麦芽型大麦品种。除了常规育种外，大麦基因组学领域的发展也很快，研究人员有更多的选择来识别、表征、克隆、注释和编辑感兴趣的基因，以开发更好的品种。

　　目前大麦的育种目标取决于当地需求，差异很大。为了满足对牲畜饲料、淀粉和一系列酒精（如啤酒、威士忌和乙醇）和非酒精（如大麦茶、大麦咖啡和麦芽饮料）饮料的日益增长的需求，大麦育种必须专注于开发高产和抗逆品种，即在具有挑战性的气候条件下也能茁壮成长的品种。因此，培育抗病、高产且稳定的品种是全球确保粮食安全和应对日益增长需求的关键育种目标。

　　饲料大麦的品质育种主要是选育高蛋白质和高赖氨酸的"双高"品种。早在1920年，印度针对饲用大麦开始使用突出品系选择方法实施六棱大麦改良计划，啤酒大麦育种则选育酿造品质优良的品种。世界上啤酒大麦育种是随着啤酒工业的发展而兴起的，以欧洲开展啤酒大麦育种为最早，育成的品种也最多；其次是北美洲的美国和加拿大，有后来居上之势；日本和澳大利亚则紧随其后，发展也很迅速。微型制麦设备及快速测定仪器的使用，使啤酒大麦的品质鉴定和选择从早代就能开始。西方各国的啤酒大麦育种机构有两类：一类是国家公立的农业科研单位；另一类是各大啤酒公司所属的研究单位，许多公司研究单位的实力与条件远远超过公立的科研单位。日本从1971年起开始对麦芽品质进行检测，经过十几年的努力，麦芽的浸出率从1971年的73％提高到1984年的84％，使每吨大麦可多产800千克啤酒。

　　现代欧洲春大麦栽培品种可以追溯到德国、捷克、瑞典和英国等国家的地方品种。杂交育种最开始是利用地方品种间杂交，育成了早期的大麦品种，如Isaria（1924）和Kenia（1931）等；后来，引入远源或外来大麦材料育成了一些著名的品种，如Aramir（德国，1974）以及带有 $MLO-11$ 基因的品种Apex（1983）；同时，利用捷克斯洛伐克的矮秆分蘖力强的具有较好麦芽品质的突变体Diamant育成了在欧洲广泛种植的著名品种Trumpf（1973），大量以 Trumpf 为亲本的品种，如 Blenheim（英国，1985）、Carmen（奥地利，1985）、Natasha（法国，1986）等成为广受欢迎的品种。欧洲冬大麦栽培品种可以追溯到两个六棱大麦地方种，一个来自荷兰，另一个是来自加拿大的Mammut。大麦品种 Friedrichswerther Berg（1904），就是这两个品种杂交的后代，在欧洲中部冬大麦种植中具有核心地位。利用抗白粉病地方种 Ragusa育成了 Dea（1953）和 Dura（1961）等一系列重要的品种。后来，Ragusa 也成为德国冬大麦抗 BaMMV 的基因源。利用 Dea 作为亲本育成了 Ingrid 等系列品种，后续利用 Dea 及其后代育成了 Malta（1968）、Sonja（1974）、Igri（1976）、Marinka（1985）和 Trixi（1987）等大麦品种。再后来育成了 Jura（1995）和 Tiffany（1996）两个大麦品种，因兼具优良麦芽品质，这两个品种在 20 世纪 90 年代迅速占据了德国大麦种植的重要位置。据报道，欧洲品种目录中注册了 1 300 多种大麦。

近几十年来，大麦通过降低植株高度的方式被改良，以在灌溉条件下释放更高的产量潜力。然而，在半干旱和干旱易发地区，实现产量稳定仍然是一个难以实现的目标。通常，具有良好产量和质量潜力的品种表现不出对缺水的耐受性。因此，当务之急是获得遗传收益以生产具有气候适应能力的品种。

全球还有两个特殊的大麦育种机构，即设在墨西哥的国际玉米小麦改良中心（CIMMYT）和设在叙利亚的国际干旱地区农业研究中心（ICARDA）。多年来，ICARDA 的大麦育种项目一直位于墨西哥埃尔·巴丹（El Batan）的国际玉米小麦改良中心（CIMMYT）总部内，成功地培育了具有多重抗病性的种质材料，这些材料已经在全世界范围内被广泛使用。2007 年，ICARDA 的大麦育种家整体搬到 ICARDA 在叙利亚阿勒颇（Aleppo）的总部，然而，这些科学家负责这一地区的责任一直没有改变。

随着高产品种的选育和推广应用，以及种植措施的改进，全球大麦单产得到了很大提升，1961 年全球单产仅为 113 千克/亩，2010 年单产为 173 千克/亩，2019 年提高到 260 千克/亩。欧洲大麦产量占世界大麦产量的 61% 以上，面积占全球大麦种植面积的 49%（联合国粮农组织统计数据库，2018）。目前世界上单产较高的国家主要是欧盟的一些国家，其中德国、法国和英国*的产量都已经达到 400 千克/亩左右的水平，加拿大、美国和中国处于中等水平，大约为 200～270 千克/亩，而澳大利亚、印度和土耳其等国单产低于世界平均水平。

---

* 2020 年 1 月 31 日，英国正式退出欧洲联盟，结束其 47 年的欧盟成员国身份。——编者注

为促进全球大麦学科的发展，全球每四年举行一届国际大麦遗传学大会，北美洲、澳大利亚和欧洲等地定期召开区域性大麦专题学术会议，显示出大麦的相关研究一直是作物学以及现代生物学领域的一大热点。其中国际大麦遗传学大会（IBGS）是全世界大麦科学的最高学术会议，是各国大麦科学工作者开展学术交流与国际合作的平台。大会始于 1963 年的荷兰，已分别在美国、德国、英国、日本、瑞典、加拿大、澳大利亚、捷克、埃及、中国、美国和拉脱维亚召开了 13 届大会。国际大麦遗传学大会旨在将世界范围内的大麦遗传学团队及研究人员召集在一起，针对大麦主要性状和表型相关的遗传学、基因组学和育种学等领域的最新研究进展，进行知识共享和交流合作，使研究人员能及时有效地汲取大麦科学的最新成果，为全球大麦学科的发展发挥了重要的作用。其中第 12 届国际大麦遗传学大会共设置了大麦遗传育种、表型和发育、大麦基因组、大麦种质资源和遗传群体、大麦生物和非生物胁迫、新育种方法及育种改良、育种成功经验、大麦产品利用及相关教育培训等 11 个专题。第 13 届国际大麦遗传学大会设置了包括大麦基因组、全球变化影响下的生物胁迫、面对全球变化的非生物胁迫、大麦种植和 NBT：前进的方向、大麦种植：成功案例、RUE 遗传学和育种、大麦的最终消费量：食品、饲料和新产品、大麦的最终应用：麦芽和酿造、遗传和数据库资源：多样性的利用、形态学、物候学和发育、波罗的海和北欧大麦：区域视角等专题。

下面介绍几个国家和国际组织的大麦育种概况。

1. 加拿大大麦育种概况

加拿大是世界主要的粮食产区之一。大麦适应能力强，可以适应多种土壤，因此加拿大的大麦种植面积较大，产量也十分可观，大麦年产量在 1 074 万吨左右，仅次于小麦和油菜，是该国第 3 大作物。

加拿大大麦品种的改良历程，始于对欧洲引进品种的科学鉴定与筛选。随后，这一进程进一步扩展，引入了来自中国东北地区的六棱地方品种，进行更为精细的筛选与评估。基于这些宝贵的种质资源，成功培育了一系列具有重大价值的大麦新品种，其中最为瞩目的当属 OAC21。这一品种不仅在加拿大的东部与西部地区广泛种植，而且在长达数十年的时间里，它始终是六棱啤用大麦的对照品种。进入 20 世纪 20 年代，杂交育种技术在大麦育种领域取得了成功。在此背景下，麦克唐纳学院通过先进的杂交育种技术，成功育成了 Montcalm 品种，这不仅是加拿大历史上首个通过杂交育种手段诞生的品种，更因其广泛的适应性、卓越的高产性能以及优质的麦芽特性，迅速占据了啤用大麦市场的主导地位，这一领先地位一直保持到 20 世纪 60 年代中期。

因为对大麦这种自花授粉的作物而言，特许权费征收利润微薄，这对于私人育种机构来说无利可图，所以加拿大的大麦育种大部分是由公立机构完成的。据孙立军（2001）报道，在加拿大，优质啤酒大麦 Harrington 是加拿大 1981 年注册的品种，占总种植面积的 50%，是种植面积最大的品种，该品种制麦品质好，蛋白质含量为 11%～12%，麦芽浸出率为 81%～83%，国内外啤酒厂家喜欢用，尽管目前该品种在农艺性状和抗病性方面有所衰退，其种植面积仍是第 1 位。

在加拿大，大麦品种的注册是强制性的，这一过程由加拿大食品监管局下属的品种注册办公室负责监管。该办公室认可并依赖注册推荐委员会的工作，该委员会由政府、大学和私人机构的科学家、工业专家、省级政府专家以及农业组织代表组成，共同开发检查程序、评估数据，并完成对候选品种的注册推荐意见。当在加拿大选育优质的制麦芽与酿酒大麦品种时，关键在于对大麦的品质特性和籽粒特征进行细致选择。制麦与酿酒大麦的主要品质检测指标涵盖籽粒饱满度、发芽力、蛋白质含量、可溶性蛋白质含量、麦芽浸出率、酶活性以及糖化力等。鉴于加拿大对啤酒风味的极高要求，即便某个大麦品种的产量、抗病性及制麦品质指标均达标，若其酿造的啤酒风味未能满足厂家标准，该品种也难以推广。这也是为何 Harrington 品种至今仍在加拿大市场上占据主导地位的原因。

新品种的审定需要经连续 3 年区试、产量试验、多点抗病鉴定和制麦品质测试之后，由新品种评估机构通过后注册登记。种子公司进行繁殖经营，育种家从经营额中提取 7%～10% 的回报并受到法律保护。新品种审定前要由国家指定的权威单位——国家谷物委员会下属的谷物检测实验室进行连续 3 年的品质测试。

2. 澳大利亚大麦育种概况

大麦是澳大利亚仅次于小麦的第 2 大粮食作物，在澳大利亚广泛种植，从昆士兰州南部到西澳大利亚州，种植面积约 400 万公顷，年平均产量超过 900 万吨。澳大利亚通常供应全球约 30% 的啤酒大麦和 20% 的饲料大麦。澳大利亚主要生产高品质的二棱大麦，通常在每年的 5—6 月进行种植，因其良好的麦芽特性和酿造目的的适用性而备受追捧。澳大利亚谷物协会专门负责提供有关认可的麦芽品种、首选麦芽品种和目前正在评估的潜在新麦芽品种的信息。澳大利亚多样化的气候条件允许种植各种大麦品种，有些具有广泛的适应性，适合澳大利亚的许多地区；而另一些则更适合极端的生长条件，例如高降水量或酸性土壤。主要大麦种植区包括西澳大利亚州、南澳大利亚州、维多利亚州、新南威尔士州和昆士兰州南部地区。2016 年创纪录的产量为 1 350 万吨，2021 年种植面积为 440 万公顷，平均产量为 2.9 吨/公顷，单产范围为 0.6～3.8 吨/公顷。

据报道，澳大利亚的大麦是在 18 世纪后期随着欧洲定居者的到来而传入澳大利亚的，成熟较慢，开花较晚，受澳大利亚南部许多地区典型的干旱和高温等影响，欧洲栽培品种不适应干燥炎热的澳大利亚环境，产量低。大麦的最初改良是基于 19 世纪在英国种植的英国品种 Chevallier。1903 年，一位南澳大利亚农民 Samuel Prior 从精选的 Chevallier 中开发了第 1 个当地品种 Prior，此后 60 多年，Prior 一直是澳大利亚大麦生产的核心品种。直到 1954 年，艾伦·卡拉汉（Allan R. Callaghan）强调了大麦改良的必要性，因此，第 1 个政府支持的育种计划在南澳大利亚州创建，并于 1968 年由 Waite 农业研究所育成了大麦品种 Clipper。育种计划的建立，使得来自欧洲、北美洲和非洲北部的大麦种质资源的遗传物质被导入澳大利亚品种，提高了各种环境中大麦的产量，也提高了麦芽质量，并增强了对生物和非生物胁迫的耐受性。自 1960 年以来，澳大利亚大麦育种者已经为国内市场培育并发布了约 100 个大麦品种。目前澳大利亚大麦品种大多为二棱型，通常在深秋或初冬播种，在初夏收获。20 世纪 80 年代，随着具有特殊地区适应性的啤用大麦新品种的推广，开展大麦育种项目的作用显现，1983 年 Waite 研究所推广了新品种 Schooner，其迅速成为南部各州的主导品种。在西澳大利亚州，本土育成的品种 Stirling 以相同的方式代替了 Clipper。第 3 个品种 Grimmett 也在昆士兰州和新南威尔士州南部替代了 Clipper。

现在，澳大利亚种植的主要品种为 Hindmarsh、Gaindner、Commander、Baudin 等。其中，Hindmarsh 属于二棱春大麦，外观黄色，无侧粒，麦粒直而对称，整齐不扭曲。千粒重和蛋白质含量略低，适于酿造淡色啤酒。各项指标可达到一级大麦的标准。Gaindner 由西澳大利亚州农业与食品部培育，于 1998 年被批准为啤酒大麦品种，是一种糊粉层为白色的二棱大麦，籽粒物理特性极好，有较高的浸出率、中等的糖化力和良好的发酵能力。Baudin（宝黛）是一种糊粉层为白色的二棱春大麦，产于西澳大利亚州和南澳大利亚州的高降水量区，属于高产大麦品种，于 2003 年推出。宝黛籽粒饱满而大小均匀，色泽明亮，含水量较低，碾碎和麦芽制浆的性能良好，而且在麦芽制造过程中容易降解，因此发酵程度良好。该产品广受世界各地的麦芽制造者的喜爱，麦芽汁清澈度极好。

同时，据报道，澳大利亚著名的大麦育种科学家、澳大利亚工程院院士、西澳大利亚基础工业和农村发展部首席科学家、西部作物联合中心主任、莫道克大学教授李承道长期致力于大麦遗传育种研究，并取得了一系列突出成就。在品种选育方面，他采用传统育种方法结合基因组学、分子标记、快速育种、基因编辑等技术，构建了优质啤酒大麦高效育种体系。先后主持育成 Baudin、Vlaming、Hamelin、Roe、Hannan 等大麦品种，其中 2003 年选育的 Baudin 和 Hamelin 两个大麦品种为澳大利亚啤酒大麦品质带来质的飞跃，是代表世界啤酒大麦最高品质的品种。目前这两个品种已在澳大利亚广泛种植，年种植面积达 200 万公顷以上，且呈继续扩大的趋势。这两个品种还迅速占领了国际啤酒大麦市场，如中国的燕京、青岛等主要啤酒公司已明确将采用这两个品种。2006 年成功注册了两个分别保持 Baudin 和 Hamelin 高品位啤用品质和高耐酸的新品种 BaudinA 和 HamelinA，它们在酸性土壤中种植可增产 60％以上，且在一般土壤中种植也具有明显的增产潜力。这两个品种的成功培育成为利用生物技术高效改良抗逆特性的典范，刷新了全球大麦育种史上耐酸性和啤用品质兼顾的纪录。

澳大利亚主要的育种公司有 SECOBRA 和 Australian Grain Technologies（澳大利亚谷物技术公司，AGT），其中 SECOBRA 培植大麦的历史已长达 120 年。SECOBRA 在澳大利亚的商业合作伙伴为 Seednet，Seednet 的育种组合包括一系列知名的大麦品种，最新的品种被命名为 Laperous，目前正在进行出芽和酿造的认证程序。Australian Grain Technologies 从 2014 年至今一直从事大麦遗传学研究，最近发布了商业品种 Beast、Cyclops、Minotaur 和 Yeti。

3. 英国大麦育种概况

英国是一个大麦年产量超 800 万吨的国家，在农业生产率和单位面积产量方面有着较高水平，并且是机械化水平较高的世界大麦主产区之一，而英国从北部、东部、中部、西南部到东南部均有大麦种植，产出的大麦主要是用来酿造苏格兰威士忌。英国的大麦育种主要由 KWS（英国）、RAGT 种子、利马格兰、Secobra（塞科布拉）、先正达等 5 个私营公司进行，品种每售出一吨经认证的种子的特许权使用费是大麦育种工作的主要经费来源。据不完全统计，仅苏格兰大麦的品种就有 340 多种，其中，能用来酿造威士忌的大麦品种却寥寥无几。

目前英国业内流行的大麦品种主要有 Bere Barley、Chevallier、Golden Promise、Optic、Belgravia 和 Minstrel 等。它们能够上榜，最主要的原因就是出酒率较好。Bere Barley（古卓大麦）是一种六棱大麦，在英国的种植历史已经超过 1 000 年，甚至更久。据奥克尼学院农学院院长彼得·马丁报道：古卓大麦可能是最古老的人工种植大麦，在英国绝对如此，在欧洲也可能是最古老的人工种植大麦之一。在 20 世纪后期这种大麦由于产量较低，无法满足商业需求，种植量逐步减少，但是作为六棱大麦的 Bere Barley，因为含有更多脂肪和蛋白质而让酿造出的威士忌酒体更油润饱满。Chevallier 大麦已经有 200 年的历史，据说它是英国 100 年来最受欢迎的大麦。Golden Promise（黄金诺言）是 20 世纪 90 年代威士忌业最有名的大麦品种，也是第 1 个受到英国 1964 年《植物品种与种子法》（*Plant Varieties and Seeds Act*）保护的品种，但是此品种产量低，使它的价格如它名称那般昂贵。Golden Promise 大麦的质量和出酒率都是革命性的，虽然总体产量不高，但仍在之后 20 余年的市场中占有一席之地，Golden Promise 大麦在品种换代过程中被逐渐抛弃，取而代之的是更有经济价值的新品种。Optic 主要种植于苏格兰东岸，是二棱春大麦，这种通过伽马射线培育的英国半矮秆、耐盐突变大麦品种，具有强壮耐寒、成熟较快的特点，能够在 8 月份就收获。同时 Optic 的籽粒排布均匀、颗粒较小，适合发芽蒸馏，因此在最近 20 年内，它一直是众多蒸馏厂的原料首选，Optic 占据了整个威士忌麦芽市场 50%～60% 的市场份额。Belgravia 是一种春季大麦，茎秆粗壮，绿叶不容易脱落，能抗叶斑病，而且成熟得比较快，一般秋天就能收获。它富含热水提取物，特别适合蒸馏，并且由于富含大量蛋白质，糖分含量少，被广泛应用于威士忌的酿制中。Minstrel 是春季大麦，一般 3 月播种，8 月末 9 月初收割，用来制作麦芽，其蛋白质含量非常高。

英国境内设立的国际大麦中心（International Barley Hub，https：//barleyhub.org/）在大麦方面处于科学技术的最前沿，是在 2018 年 11 月 22 日以詹姆斯·赫顿研究所、邓迪大学、苏格兰农村学院（SRUC）、阿伯泰大学、罗维特研究所的卓越研究为基础成立的，地址位于詹姆斯·赫顿研究所（James Hutton Institute）。苏格兰威士忌研究所（Scotch Whisky Research Institute）、英国麦芽商协会（Maltsters Association of Great Britain）和苏格兰全国农民联盟（National Farmers Union Scotland）等企业和行业集团，构成了国际大麦中心需求方的一部分。该中心主要开展大麦原料供应和特殊用途的大麦新品种的研发等相关工作。

4. 法国大麦育种概况

法国是世界大麦主产区之一，大麦主要产自中央大区（中央-卢瓦尔河谷大区）、勃艮第大区（已并入勃艮第-弗朗什-孔泰大区）、洛林大区、香槟阿登大区（均已并入大东部大区）等五个区域，并且产出的大麦主要用于酿造啤酒、制作动物饲料等，以种植冬大麦为主。二棱春大麦的主要品种是斯卡莱特（Scarlett）和新品种普莱斯蒂日（Prestige），它们占啤酒大麦生产的 50%。二棱冬大麦的主要品种是瓦内萨（Vanessa），它们占啤酒大麦的 8%。六棱冬大麦的主要品种是艾斯特拉尔（Esterel），它们占啤酒大麦的 41%，这是法国特有的一个品种，尽管这一品种在质量上与其他大麦品种相比略微逊色一些，但它的单产却要更高，平均每公顷产量可以达到 8 吨，而春大麦的单产则只有 6 吨/公顷。

大麦是威士忌的主要原料之一，威士忌在法国备受欢迎，法国人也一直在加速国内威士忌的生产。根据行业协会法国威士忌联合会的数据，法国目前拥有 86 家运营中的威士忌酒厂和 18 家独立装瓶商，威士忌年产量达到了 100 万瓶。1998 年，Warenghem 蒸馏厂以 ARMORIK 品牌推出了第 1 款法国单一麦芽威士忌。2016 年底法国发布了关于烈酒标签的第 2016—1757 号法令，为法国单一麦芽威士忌提供了一个框架。法令规定，从今往后，只有在同一蒸馏厂，通过简单的不连续蒸馏法，完全用发芽大麦酿制的威士忌才能获得"单一麦芽威士忌"的荣誉称号，这也促进了法国大麦育种的发展。

5. 美国大麦育种概况

在美国，大麦主要的用途是用作麦芽，约占 67% 的比例，还有 27% 被用作饲料，而进入饲料行业的部分大麦是不符合质量要求的啤酒大麦。美国的大麦育种项目主要由北部几个州的公共机构完成，其中蒙大拿州立大学、北达科他州立大学、俄勒冈州立大学、加利福尼亚大学戴维斯分校、明尼苏达大学、华盛顿州立大学等单位设立了大麦育种机构。美国有 3 个大的国际性的啤酒公司，即 Busch、Conagra、Coors 公司，他们都有自己的啤酒大麦育种机构，这些公司指定用他们自己培育的品种，以保证本公司的啤酒风味。

美国北部的第 1 个大麦品种很可能是哥伦布在 1492 年的航海旅行中带去的，后来，从各大洲来的移民带来了各种类型的大麦品种。在美国北部东海岸，很可能是英格兰人带来了迟熟的二棱大麦，而荷兰人则从欧洲大陆带来了六棱大麦。美国的大麦生产可以分为四个区域：东部、中西部、西部和西南部，中西部和西部地区的播种面积超过总播种面积的 80％。

美国北部 10 个州推广的啤酒大麦品种有 10 余个，有二棱和六棱两种类型。二棱品种种植面积最大的是 Harrington，主要分布在蒙大拿州（占 50.1％）、爱达荷州（占 20.9％）、怀俄明州（占 8.1％）和华盛顿州（占 6.9％）。六棱品种中种植面积最大的是 Robust，主要分布在北达科他州（占该州面积的 68.6％）、南达科他州（占 50.8％）和明尼苏达州（占 63.9％）三个州，其次是 Stamder、Stark、Fosrer、Morex 等。

6. 俄罗斯大麦育种概况

大麦是俄罗斯第 2 大粮食作物，产量仅次于小麦，占粮食总产量的 14.42％。种植区主要分布在伏尔加河谷地区、中部地区、南部地区和乌拉尔地区，每年的 4 月种植，9—10 月收获。据美国农业部（USDA）大麦生产数据显示，2021 年全球大麦总产量为 1.46 亿吨，其中，俄罗斯大麦产量为 1 750.5 万吨，占比 11.99％；出口量为 450 万吨，占全球总出口量的 12.93％，是全球第 4 大大麦出口国。由于俄罗斯大麦的毒素含量偏高，无法被饲料企业大量使用，中国市场接受程度相对较差，2021 年，我国从俄罗斯进口大麦 7.46 万吨，仅占全年总进口量的 0.6％。据报道，俄罗斯大麦育种的主要目标是培育产量潜力大、对高肥反应敏感且生产效益又高的集约型品种，同时以降低株高和提高茎秆韧性为目标，以提高品种抗倒伏的能力。

7. 西班牙大麦育种概况

西班牙种植面积最大的四大作物分别为大麦、橄榄、小麦和葡萄。大麦种植面积达到了 274.9 万公顷，占欧洲大麦种植面积的 20％（欧盟统计局，2019），产量超 1 100 万吨，占西班牙总体农业用地的 10％左右，主要种植在西班牙的干旱地区。

通过考古发掘，发现了可追溯到 1797 年的植物遗迹样本，这些种子残骸以大麦和藜麦为主。在西班牙，新品种需要参加西班牙作物新品种评估小组开展的各种研究。Albacete、Cierzo、Orria、Scarlett、Meseta、Jallon 和 Smooth 等一系列知名品种被育成，其中 Orria 是优良的六棱高产品种；Cierzo 是一种高产的优良六棱品种；Scarlett 是一个优质的二棱麦芽品种，产量很高，在欧洲广泛种植；Albacete 在半干旱地区和雨养地区均有很好的适应性。

8. 印度大麦育种概况

印度的大麦改良计划始于 20 世纪 20 年代初，主要是进行纯系选择，已开发的大麦品种多为六棱大麦品种，主要用于饲料，二棱麦芽大麦品种是最近开发的。除了传统育种外，大麦基因组学领域的迅猛发展，使研究人员在对感兴趣的基因进行鉴定、克隆、注释和编辑方面有更多的选择。

1966 年之前，有 31 个大麦品种被开发用于不同邦的种植。1966—1967 年，全印度协调大麦改良计划（All India Coordinated Barley Improvement Programme，AICBIP）启动，从那时起，印度已有超过 105 个大麦品种商业化种植。这些品种大多数是六棱大麦，被用作饲料。印度大麦改良计划非常成功地提高了饲料大麦的遗传潜力。

9. 芬兰大麦育种概况

据芬兰拉彭兰塔-拉赫蒂工业大学报道，1980—2020 年芬兰官方品种试验共有 257 个大麦品种。虽然农民倾向于培育高产品种，但他们也倾向于用不同生长时间的品种来播种，以确保它们在较短的芬兰生长季节成熟。Borwina 被发现是芬兰冬季田间试验网络中最耐寒的品种。

10. 乌克兰大麦育种概况

乌克兰是一个水资源、光照资源充足，拥有大片肥沃黑土地，农牧业十分发达，农业生产水平较高的世界有名的粮食出口国。除了基本的粮食作物外，乌克兰同样也是世界上最大的大麦种植区之一，大麦年产量在 764 万吨左右。乌克兰大麦产区主要集中在南部地区，围绕第聂伯河两岸，尤其是西岸较多。USDA 数据显示，2021 年乌克兰大麦产量为 990 万吨，占全球总产量的 6.77%，其中，乌克兰大麦出口量高达 580 万吨，即乌克兰生产的大麦近六成远销海外，占全球总出口量的 16.67%，是继澳大利亚、欧盟之后的第 3 大大麦出口地。乌克兰大麦主要销往中国和中东地区，2020 年前五大出口国为中国、沙特阿拉伯、利比亚、突尼斯和以色列，分别占乌克兰大麦当年出口总额的 53.52%、14.76%、7.96%、6.96% 和 3.17%。2021 年，中国从乌克兰进口大麦 321.2 万吨，占中国全年总进口量的 25.73%，仅次于法国和加拿大。受俄乌冲突的影响，截至 2022 年 5 月 19 日，往年同期春大麦播种基本结束，本年度乌克兰春大麦播种面积较去年同期减少 42.3 万公顷。

11. 阿根廷大麦育种概况

阿根廷是一个农牧业较为发达的国家，凭借温和的气候以及肥沃的土壤为农牧业的发展提供了卓越的条件，而大麦这种适应能力强的农作物因为出口价格较高而在阿根廷被广泛种植，年产量在 448 万吨左右。阿根廷大麦主要生长在南美洲的气候温暖和海拔较低的地区，品种为二棱大麦，是阿根廷第 2 大冬季作物，主要用途是生产麦芽，其余用作动物饲料，有 Andreia、Scrabble、

ABI Balster、Q. Carisma 等主要啤酒大麦品种。

12. 德国大麦育种概况

德国种植的大麦主要属于冬大麦，年产量在 1 077 万吨左右，在春季大麦收割后通常会被用来酿造啤酒，因为大麦中糖分含量较高，酿造出的啤酒具有醇厚香浓的味道。在德国，所有谷类作物都需要由联邦植物品种局在多个地点进行为期 3 年的测试，涵盖其典型种植区的所有土壤气候条件，此外至少包括 3 个参考品种。

13. 国际干旱地区农业研究中心大麦育种概况

国际干旱地区农业研究中心（International Center for Agricultural Research in the Dry Areas，ICARDA）始建于 1977 年，是国际农业研究磋商小组领导下的 13 个研究中心之一，总部位于叙利亚第 2 大城市阿勒颇（Aleppo）以南 30 公里处的塔尔哈得亚（Tel Hadya）。ICARDA 致力于全球干旱半干旱地区的农业研究，拥有全球最大的干旱地区种质资源库，保存了超过 110 000 份的各类种质资源材料，其中麦类资源 55 000 份。该中心在旱区作物种质资源收集、保存、鉴定、评价和改良利用以及抗旱、耐盐、抗病虫育种方面开展了大量的卓有成效的研究工作，给世界各国的小麦、大麦和其他豆类育种家们提供了宝贵的遗传资源。该中心先后培育了近 500 个高产优质的作物品种/品系，为全球干旱半干旱地区农业研究做出了突出贡献。

14. 国际玉米小麦改良中心大麦育种概况

国际玉米小麦改良中心于 1972 年开始进行大麦育种工作，CIMMYT 的育种工作向世界各国开放，特别是向发展中国家开放。仅在开展大麦育种第 10 年的 1981 年，该中心的大麦国际试验圃已在各大洲的 79 个国家设立了 404 个试验点，其工作效率很高。各国大麦育种方法现如今仍以常规的杂交育种为主，此外还有一些其他辅助的育种新方法和新技术。

第二章 中国大麦育种科研概况

大麦在中国是个古老的作物。关于麦类最早的文字记载，出现于记录夏朝（约公元前 2070—前 1600 年）农事的历书《夏小正》，该书有三月"祈麦实"之说；然后有殷墟甲骨文（公元前 1300—前 1046 年）关于"麦"的记载；之后《广雅》（成书于 3 世纪）一书才将麦类分开注解为"大麦牟也，小麦来也"。"大麦"一词在汉末时期的《名医别录》里也有记载，这也说明我国种植大麦的历史较为悠久。综合历史、文化和考古资料考证，我国在新石器时代中期已在黄河上游开始栽培大麦，距今已有五千年的历史。据报道，1979 年，新疆维吾尔自治区社会科学院考古研究所在哈密县五堡公社（今哈密市伊州区五堡镇）的墓葬内，出土了新石器时代含彩陶文化的青稞穗壳，这是当时我国出土的最早的栽培大麦遗物。

第一节　中国大麦生产概况

大麦具有早熟、耐旱、耐盐、耐低温冷凉、耐瘠薄等特点，因此栽培非常广泛，是国内酒类行业、食品行业和饲料行业的重要原料以及农牧区畜禽水产养殖的主要饲草料。我国大麦具有栽培区域广、品种多、以农户小规模种植为主等特点。近年来，我国大麦种植面积和产量均明显下降。按栽培类型，大麦产区可划分为 2 个大区：一是春大麦区，包括东北平原、晋冀北部、内蒙古高原、西北和新疆干旱荒漠春大麦区，均为啤酒大麦产区；二是冬大麦区，包括黄淮地区、秦巴山地、长江中下游地区、四川盆地、西南高原和华南冬大麦区，除黄淮冬大麦区以啤酒大麦为主外，其余地区均以饲料大麦为主。

我国大麦栽培历史悠久，分布地域辽阔，几千年来，中国人民创造了丰富的栽培大麦品种，但生产面积和产量几经波动。20 世纪初大麦年种植面积最

大达到 12 000 万亩，栽培面积居世界首位，总产量为 904.5 万吨；20 世纪 30
年代大麦种植面积为 9 570 万亩，总产量为 850 万吨；20 世纪 40 年代中期，
面积下降为 9 105 万亩，亩产量为 68.5 千克；20 世纪 50 年代初，面积下降到
5 809 万亩，亩产量为 59.5 千克。据全国第 2 次大麦品种资源科研会议统计，
1982 年我国大麦种植面积约为 5 000 万亩，总产量为 70 亿千克，平均单产为
140 千克/亩，江苏、浙江、上海三省份是我国大麦的主要产区，种植面积占
全国的三分之一，其中，江苏省大麦种植面积在 1 000 万亩以上，居全国首
位。浙江省是全国最大的啤酒大麦生产基地之一，1984 年全省大麦种植面积
达 447 万亩，亩产 199 千克，居全国第 2 位。近年来，大麦种植面积和产量明
显下降，2010 年我国大麦总种植面积为 1 797 万亩，其中云南 357 万亩（其中
青稞约 20 万亩），西藏 340 万亩（其中青稞 170 万亩），江苏 190 万亩，湖北
180 万亩，安徽 150 万亩，甘肃 140 万亩，四川 130 万亩（其中青稞 80 万
亩），青海 95 万亩（其中青稞 90 万亩），内蒙古 90 万亩。据国家大麦青稞产
业技术体系统计，2011—2018 年中国大麦青稞总收获面积为 13 906.13 万亩，总
产量为 3 899.06 万吨，其中，2013 年大麦青稞种植面积最大，达 1 933.4 万亩
（表 2-1）。2014—2019 年全国大麦种植面积从 1 209 万亩下降到 957 万亩，下
降了 20.8%；产量从 400 万吨下降到 292 万吨，下降了 27.0%；单产在每亩
305 千克左右，稳中有增。其中，啤酒大麦种植面积、产量分别从 620 万亩、
221 万吨下降到 425 万亩、127 万吨，分别减少了 31.5%、42.5%；饲料大麦
种植面积、产量分别从 589 万亩、179 万吨下降到 532 万亩、165 万吨，分别
减少了 9.7%、7.8%。青稞产区主要分布在青海省、西藏自治区、四川省甘
孜藏族自治州和阿坝藏族羌族自治州、云南省迪庆藏族自治州、甘肃省甘南藏
族自治州，其中西藏自治区和青海省最多。

表 2-1 2011—2018 年中国大麦生产情况

年份(年)	大麦（青稞）			啤酒大麦			饲料大麦			青稞		
	面积(万亩)	产量(万吨)	亩产(千克)	面积(万亩)	产量(万吨)	亩产(千克)	面积(万亩)	产量(万吨)	亩产(千克)	面积(万亩)	产量(万吨)	亩产(千克)
2011	1 678.09	454.92	271.09	756.15	197.90	261.72	535.94	152.24	284.06	386.00	104.79	271.48
2012	1 928.10	521.36	270.40	825.80	256.90	311.09	642.30	161.33	251.18	460.00	103.13	224.20
2013	1 933.40	539.10	278.84	810.10	242.70	299.59	605.30	185.90	307.12	518.00	110.50	213.32
2014	1 736.00	520.69	299.94	620.00	221.14	356.68	589.00	179.20	304.24	527.00	120.35	228.37

（续）

年份（年）	大麦（青稞）			啤酒大麦			饲料大麦			青稞		
	面积（万亩）	产量（万吨）	亩产（千克）	面积（万亩）	产量（万吨）	亩产（千克）	面积（万亩）	产量（万吨）	亩产（千克）	面积（万亩）	产量（万吨）	亩产（千克）
2015	1 847.20	546.65	295.93	710.20	246.64	347.28	605.40	176.51	291.56	531.60	123.50	232.32
2016	1 724.03	472.21	273.90	588.50	180.03	305.91	539.73	156.41	289.79	595.80	135.77	227.88
2017	1 607.30	446.84	278.01	398.00	129.94	326.48	625.30	181.21	289.80	584.00	135.69	232.35
2018	1 452.01	397.29	273.61	379.20	128.98	340.14	494.11	144.93	293.32	578.70	123.88	214.07

我国大麦以农户小规模分散种植为主。内蒙古、新疆等省份农户种植大麦面积较大，多数农户种植面积超过 45 亩，种植区域较为集中；其他省份则以规模小且分散的农户为主，例如甘肃种植面积低于 1 亩的农户占全省的 95% 以上。从饲料大麦看，基本是农户小规模种植。

我国大麦产量急剧下降，已经无法满足我国对大麦的消费需求，导致我国大麦特别是啤酒大麦的自给率不高，大麦进口依存度处在较高水平。根据海关公布的数据显示，我国大麦的进口价格比国内市场价格要低 12.38%，大量低价进口大麦严重冲击国内大麦市场，进口大麦价格的"天花板"效应日益明显，国内大麦价格不断下跌，进一步影响了国内大麦的种植效益，形成了恶性循环。另外我国大麦的进口来源单一，使我国在获取大麦资源方面面临着其他进口国的直接竞争，导致在国际市场缺乏定价权，这种局面不利于保障我国以大麦作为主要生产原料的啤酒行业等产业的原料供给安全。

根据联合国粮农组织的统计数据，我国自 1960 年以来一直是大麦净进口国，并于 2020 年成为世界上最大的进口国。此外，随着我国经济社会的发展，我国大麦饲料消费需求和加工消费需求快速增长，对大麦进口的依存度不断上升。据海关总署数据统计，2014 年以来我国大麦年进口量均保持在 500 万吨以上，2015 年我国大麦进口量高达 1 073 万吨，2018 年为 682 万吨，2019 年为 592.87 万吨，进口金额为 16.9 亿美元。2023 年大麦进口量超过 1 100 万吨，主要进口来源国有法国、加拿大、乌拉圭、哈萨克斯坦、阿根廷、乌克兰、俄罗斯和丹麦 8 个国家，但中国在 2023 年 8 月撤销对澳大利亚大麦的高额关税之后，澳大利亚大麦再度大规模出口中国，其中 2023 年 10 月，中国从澳大利亚进口大麦 31.37 万吨，在 2023 年 11 月，中国从澳大利亚进口大麦 44.62 吨，远超其他主要进口国家加拿大（25.22 万吨）、阿根廷（20.73 万吨）、法国（13.32 万吨）、哈萨克斯坦（10.12 万吨）、俄罗斯（6.27 万吨）、乌克兰

（1.69 万吨）。澳大利亚的大麦进口份额继续增加，据中华人民共和国海关总署最新数据统计，2024 年 1—4 月大麦进口总量为 605 万吨，同比提高 124.4%，均价为 272.52 美元/吨。

第二节　中国大麦种质资源收集与利用

美国早在第一次世界大战和第二次世界大战期间，就搜集了世界多国不同生态条件下的种质资源，成为世界种质资源保存量和保存种类最多的国家，起源于国外的种质资源数量约占美国种质资源库库存的 72%。相比之下，我国虽然种质资源丰富，但以国内资源为主，起源于国外的资源仅占库存的 24%，致使种质的遗传多样性不够广泛，优异且有特色的资源不足，在种业源头上处于不利地位。此外，我国精准鉴定的资源比例非常低，尤其缺乏对资源农艺性状、抗性基因等的精准鉴定，没有鉴定，也就无法挖掘和利用。我国作物种质资源利用率仅为 3.0%～5.0%，有效利用率仅为 2.5%～3.0%。

大麦种质可以划分为栽培品种、农家种、野生种等。野生大麦因具有很强的抗逆性，尤其是抗旱、耐盐方面，以及具有高遗传多态性，而被认为是 21 世纪作物遗传改良的重要的基因资源，常被用作转移抗病基因的种质，从而作为栽培大麦品种的亲本，对大麦农艺性状改良、增强抗逆性方面起到了重大的作用，也是进一步改良当今大麦品种遗传基础狭窄、产量及抗逆性较低的现状的重要种质资源。

在 20 世纪上半叶，我国只有少数农业科学家开展零散的主要作物地方品种比较、分类及整理工作。20 世纪 50 年代，农业部组织了全国地方品种大规模征集，共收集各类农作物品种（品系）21 万余份，当时称之为"原始材料"。中国作物种质资源学奠基人董玉琛先生于 1959 年从苏联留学回国后，提出"作物品种资源"的概念，中国农业科学院作物育种栽培研究所组建作物品种资源研究室。

20 世纪 60—80 年代，我国科研工作者通过多次科学考察，明确了我国野生大麦的分布主要在哈尔滨、长春、沈阳、北京、太原、延安和成都一线以西的广大地区。中国大麦种质资源经"七五""八五"期间收集整理，编入目录的共 16 251 份，其中古老的地方品种 8 865 份，改良品种 1 035 份，国外引入品种 6 351 份，当时仅次于美国（25 284 份）、加拿大（21 000 份）、叙利亚国际干旱地区农业研究中心（21 488 份）、巴西（19 594 份）、苏联（17 459 份），居世界第 6 位。中国农业科学院作物品种资源研究所孙立军等人在 1999 年对编入目录的 9 000 份中国栽培大麦进行穗部形态特征鉴定，共包括 420 余个变种类型，其中 300 余个属于中国特有，变种类型最丰富的是西藏，占总数的60%；其次是云南，占 41%。中国栽培大麦变种有以下突出特点：①多棱大麦变种占 82%，包括的品种数占总品种数的 89%。②在二棱大麦亚种中，几乎全部为有侧二棱。③中国栽培大麦几乎全部为窄护颖。④显性基因 K、Ke 控制的钩芒变种占 38%，其类型除国外报道的黄色和黑色颖壳以及籽粒外，紫色、红褐色、黑色颖壳，绿色、褐色、红褐色、紫色、黑色籽粒占的比例较大，这些类型除在青藏高原和云贵高原分布较多外，在黄河流域和长江流域也有分布，特别是长颈钩芒皮大麦仅分布在黄河中下游地区。⑤显性基因 B、Re、$Re2$、BL、$BL2$ 控制的颖壳和籽粒的黑、褐、紫、红褐、蓝绿等深色型变种占 69%，深色型籽粒占比随海拔增加而增加，但在黄河流域和长江流域也有少量分布。⑥显性基因 S 控制的长毛小穗轴占 78%，短毛小穗轴占 22%；青藏高原、云贵高原、黄河流域和长江流域的大麦长毛小穗轴占的比例高，短毛小穗轴以引进利用和改良品种占多数。

2010 年，据 FAO 统计世界上目前保存的大麦种质约为 466 531 份，其中加拿大保存有 40 031 份大麦种质，是全球大麦种质资源最多的国家；而中国农业科学院作物种质资源保存中心收集了 18 617 份，排名第 7 位，约占世界的 4%，这里面包含了近万份古老的地方品种，近两千份改良品种和七千份左右的国外引进品种。

我国大麦青稞遗传资源十分丰富，国家库保存有大麦青稞遗传资源近 2 万份，保存量居世界第 3 位，但以往对资源的挖掘利用和创新明显不够。国家大麦青稞产业技术体系针对我国大麦青稞育种的需要，重点对肥水高效利用的资源、抗病虫害的资源、高营养成分和优质的资源进行了逐级鉴定、利用与创新。

西藏自治区农牧科学院利用"省部共建青稞和牦牛种质资源与遗传改良国家重点实验室"项目，与深圳华大基因科技有限公司、中国科学院成都生物研究所、中国农业科学院作物科学研究所等联合研究，先后收集、鉴定与评价了青稞等作物种质资源 6 000 多份、野生大麦 300 多份、国内外引进材料 2 000 多份、育种中间材料 1 000 多份，构建了西藏第 1 个青稞核心种质库，挖掘功能基因 6 个，初步建立了分子标记辅助选择育种技术体系。开展并完成了青稞全基因组测序，绘制了全球首个青稞基因组图谱，完成了 160 份青稞优异种质的重测序，这是继全球首个大麦基因组图谱绘制成功后，国际麦类家族基因组研究工作的又一个里程碑式的进步。此项科研成果将为深入揭示西藏青稞起源、驯化及栽培选育过程等提供坚实的遗传学基础，同时也为青稞遗传改良打下良好的理论基础。

"十二五"期间，国家大麦青稞产业技术体系新收集国内外种质资源3 048份，鉴定编目2 743份，交存国家长期库2 691份、国家中期库3 805份。完成9 949份种质资源的育种利用鉴定，筛选出各类优异种质494份。

"十三五"时期以来，国家大麦青稞产业技术体系通过与美国、德国、哈萨克斯坦、以色列、叙利亚国际干旱地区农业研究中心等进行国际合作，收集栽培大麦青稞和以色列野生大麦种质935份，进行基本编目性状和各类育种目标性状的多点田间精细鉴定评价，筛选和创制出优质、抗病、抗逆、养分高效、早熟等各类优异种质1 263份，社会分发利用1 128份次。这些遗传资源的收集、鉴定、创新和有效利用，为大麦青稞育种奠定了遗传变异基础，显著提升了育种效率和品种水平。

第三节 中国大麦品种更替

新中国成立以来，我国大麦生产发展形势，在总面积和总产量上是有起伏的，经过数次波动后，又再次上升。大麦品种的发展，是从种植农家品种逐步演变成种植改良选育品种。

20世纪50年代末以前，大麦产区以种植历史上遗留下来的农家品种为主。长江流域中下游、东南沿海及华北冬播麦区主要种植半冬性、少数春性的多棱皮麦和裸麦品种，如江苏省的扬中红等、浙江省的东阳三月黄等。青藏高原裸大麦区多种植春性裸麦品种，如青海省的白浪散等，西藏自治区的拉萨紫青稞等，四川省的黑六棱、白六棱等，甘肃省的岷县青稞，云南省的长黑青稞等。

20世纪60年代开始，在全国农作物品种普查评选的基础上，评选出优良农家品种进行推广，同时，由这些品种系统选育或杂交选育出的改良品种也进行了推广，大多数是多棱皮麦或裸麦。推广面积较大的农家品种有：江苏省的尺八大麦、长六棱、黑六柱；浙江省的嵊县无芒六棱、萧山立夏黄；湖北省的天门早大麦；河北省和天津市的塔大麦、六担准、天津1号；青海、甘肃两省的白浪散、白六棱、肚里黄；西藏自治区的拉萨钩芒、穷结紫青稞；新疆维吾尔自治区的塔城六棱大麦等。

20 世纪 70 年代逐步过渡到以改良品种为主。由于复种改制和栽培技术的提高，生产上对大麦品种提出了新的要求。各主产区育成一批品种，得到了大面积推广，如浙江、江苏两省先后育成了浙农 12、米麦 114、盐城 1 号、立新 1 号、苏 2‑14；青海省育成并推广了昆仑号；西藏自治区农业科学研究所育成和推广了藏青号等。这一时期大面积推广的引进品种有矮秆齐和早熟 3 号，70 年代中期以来，早熟 3 号取代了原有的许多农家品种和改良品种，推广面积迅速扩大。

20 世纪 80 年代后，全国开始涌现出大批改良过的优良品种并进行大面积推广，如江苏省育成并推广了盐辐矮早三，由于其具有矮秆、耐肥、抗倒伏、高产、早熟等优点，生产上迅速取代了耐肥抗倒伏性差的早熟 3 号，成为 80 年代初期和中期江苏省大麦当家品种，江苏沿江地区农业科学研究所选育的通麦 5 号以及如东 3 号、海安大麦均在生产上发挥了一定的作用；上海市育成并推广了沪麦 4 号、沪麦 6 号、泾大 1 号；浙江省育成并推广了浙皮 1 号、舟麦 1 号等；云南省育成并推广了 V43、S500、dm3 等；黑龙江育成了垦啤麦 1 号等；内蒙古育成了付 8、米真卡等。

21 世纪开始，各省份逐步以推广种植省内各单位自育品种为主，如江苏沿海地区农业科学研究所在 2003 年育成的苏啤 3 号，因其具有矮秆、耐肥、高产、优质、抗逆性好、熟相佳等优点，迅速得到推广，成为江苏大麦生产的主栽品种，占沿海地区大麦生产总面积的 70%～80%，并引种至云南、河南、湖北等地推广，同时也是我国第 1 个获得农业部农作物新品种权保护的大麦品种。2013 年青海育成的半矮秆高产品种昆仑 15 号在 2014 年开始推广，在第 2 年（2015 年）推广种植面积就达 5 万亩，推动了青海青稞第 4 次品种更新，在 2023 年入选农业农村部主导品种。2013 年育成的春青稞品种藏青 2000 已累计示范推广 330 多万亩。西藏自治区大力推广高产青稞品种喜玛拉 22 号，在 2018 年推广种植面积为 83.9 万亩，逐步成为西藏青稞第 1 主导品种。云南省的保大麦 8 号在保山迅速得到推广，年度最大推广面积达到 80 万亩，并入选了 2015 年云南省主导品种；饲料大麦云大麦 1 号截至 2012 年累计推广面积达到 91 万亩，并入选 2014 年云南省主导品种；啤酒大麦云大麦 2 号因其株高矮、抗倒伏性强、分蘖力高、产量高得以迅速推广，年种植面积为 30 余万亩，并入选 2014 年云南省主导品种。西藏自治区在 2013 年审定了藏青 2000，当年这一新品种推广种植面积逾 10 万亩，平均亩产达 350 千克，创造了青稞亩产的历史新高，鉴定出的藏青 148 和藏青 690 青稞新品种曾一度成为西藏适宜地区的主栽品种；"十三五"期间，选育出藏青16、冬青 18、喜拉 23 等 10 个青稞新品种；2015 年西藏自治区农牧科学院等单位完成的"青藏高原青稞与牧草害虫绿色防控技术研发及应用"获国家科学技术进步奖二等奖，该奖是大麦领域的重要奖项，该科研项目主要围绕青藏高原生态屏障和国家高原特色农产品基地的重大战略需求，针对 20 世纪 80 年代青稞与牧草害虫危害猖獗、粮食产量连续十年徘徊不前、农药不当使用等严峻形势，21 年来，以青稞和牧草主要害虫为治理对象，查清了昆虫的种类、分布、分化与适应特点，探明了主要害虫成灾机理，创建了青稞与牧草害虫绿色防控技术体系，并进行了大面积推广应用，实现了青藏高原 21 年农产品的稳定增产。

第四节　中国大麦育种进展

一、中国大麦育种概况

新中国成立以来，我国即开展了大麦选种、育种等工作，并取得了相当大的成就，主要概况如下：

20 世纪 50 年代以来，通过群众性的良种评选活动，扩大了农家品种的应用，推广的优良农家品种中有浙江的东阳三月黄、半迟早、红黄刺芒二棱、萧山立夏黄，江苏的长六棱、阜宁莳大麦、夸老五、如东晚大麦、紫皮大麦、赶程大麦，青海的白浪散、白六棱、黑老鸦等数十个品种。

20 世纪 60 年代至 1980 年，在种植农家品种的同时，逐步开始并普及系统选种，开展了杂交和辐射育种，系统选育而成的品种有：浙江的裸麦 757；上海的沪麦 1 号；江苏的南通 2 号、南通 3 号；甘肃的木选 1 号；西藏的藏青336 等。杂交育成的品种有：浙江的浙农 12、早熟 41、早熟 43、浙皮 1 号、舟麦 1 号；江苏的盐城 1 号、东大 1 号、立新 1 号；上海的沪麦 4 号、沪麦6 号；青海的昆仑 2 号、昆仑 3 号、昆仑 8 号；西藏的藏青 1 号、藏青 21 号等。

黑龙江自 20 世纪 80 年代以来，主要种植的外引品种是由红兴隆农业研究所主持，直接或间接从北美洲（美国、加拿大）、欧洲或日本引入的，包括 Bonanza、Conquest、Manker、Morex、Azure 和星胜等。到 1995 年左右，东北地区陆续育成了垦啤麦 1 号、垦啤麦 2 号、垦啤麦 3 号，其中垦啤麦 2 号比当时的对照品种增产 8% 左右，之后的十余年间，垦啤麦 2 号一直是东北地区的大麦主导品种。2005 年后又陆续育成了垦啤麦 8 号、垦啤麦 9 号、垦啤麦 10 号，并陆续取代了垦啤麦 2 号，这些品种在产量和品质上又有了一定程度的提升，2016 年育成的垦啤麦 14、垦啤麦 15 在综合性状上都有了显著提升。

江苏省在 20 世纪 80—90 年代前期，品种改良工作取得了辉煌的成绩，先后选育引进了 15 个大麦品种，并在生产上迅速推广种植。江苏沿海地区农业科学研究所选育的盐辐矮早三，由于具有矮秆耐肥抗倒伏、高产、早熟等优点，生产上迅速取代了耐肥抗倒伏性差的早熟 3 号，成为 20 世纪 80 年代初期和中期江苏省大麦当家品种，江苏省最多的一年种植面积为 270 多万亩，累计推广 3 000 多万亩。江苏沿江地区农业科学研究所选育的通麦 5 号以及如东 3 号、海安大麦均在生产上发挥了一定的作用。80 年代中期，由于啤酒工业的崛起，对啤酒大麦需求量增加，千粒重高、品质好于矮早三的苏啤一号迅速取代了矮早三等品种。80 年代末大麦黄花叶病大面积发生，加之啤酒原料质量要求的提高，苏引麦 1 号、苏引麦 2 号、连啤一号、苏农 21 等一批抗/耐大麦黄花叶病、品质佳的大麦品种取代苏啤一号，而逐步成为当家品种。进入 20 世纪 90 年代，受大麦面积的下降、耕作制度的变化、老一辈科研人员退休下岗、科研经费不足等众多因素的影响，江苏省从事大麦品种改良的单位仅剩 4～5 名人员。据报道，在 1982—2011 年江苏省共审定了 42 个大麦品种，有 71.42% 的品种是用杂交方法选育的，其中扬州大学农学院、江苏沿海地区农业科学研究所育成的品种数最多，均为 9 个。1993 年江苏沿海地区农业科学研究所与中国科学院遗传与发育生物学研究所合作，利用花药培养技术，培育出的优质、高产的啤酒大麦品种单二，是我国第 1 个用花药技术选育的大麦新品种，推广面积达 50 万公顷。由于其优良的麦芽酿造品质，至今还有大面积的种植，受到各大麦芽公司的青睐和好评。

浙江省在 1983 年进行抗黄花叶病大麦品种引种、鉴定工作，从 87 个新品种中，筛选出沪麦 10 号在生产上迅速推广。浙江嘉兴市农业科学研究所与上海市农业科学院合作利用花药培养选育的花 30 大麦品种，在生产上也表现出较强的优势。

20 世纪 80 年代，随着啤酒麦芽工业的兴起，大麦科研育种工作开始列入内蒙古自治区科研计划。短短几年时间，科研人员通过引种选育出了适合内蒙古种植、综合性状优良的二棱皮大麦品种付八、曼努特、米真卡等，之后很快在生产上推广应用并取代了地方品种。这一时期全自治区大麦的种植面积回升到 2 万多公顷，单产为每亩 120～140 千克。1993—1999 年，大部分科研人员转向研究其他作物，大麦科研工作几乎处于停滞状态。2000 年内蒙古自治区农业科学院重新启动大麦研究，2005—2006 年，引种选育出啤酒大麦品种川农大 4 号、甘啤 4 号，并通过内蒙古自治区农作物品种审定委员会审定，其中甘啤 4 号很快在内蒙古大面积推广应用，推广面积达 1 000 万亩。"甘啤 4 号引种选育及推广"获得 2008 年度内蒙古自治区科学技术进步奖二等奖。2008 年，内蒙古自治区农牧业科学院培育出具有自主知识产权的啤酒大麦新品种蒙啤麦 1 号，填补了内蒙古大麦一直没有自育品种的空白，实现了自育品种零的突破，促进了内蒙古大麦品种的第 2 次更新换代。

在 1950 年以前，西藏自治区没有专门的农业科研机构，也没有开展科学育种工作，生产上栽培的都是农家品种，产量水平很低，但独特的生态环境和悠久的栽培历史形成了丰富的作物品种资源。随着农业的发展，作物育种工作受到了国家重视，政务院文化教育委员会派出了西藏科学工作队，农业组专家抵达拉萨后，首次种植由内地带来的小麦、燕麦、大麦等作物品种，并与当地作物品种进行对比试验，揭开了西藏现代作物育种的序幕，从此青稞育种工作全面展开，并不断得到加强。1960 年开始了系统选育工作，通过对本地品种资源的广泛收集和从农家品种中筛选良种开展品种比较试验，逐步培育出了比较著名的拉萨钩芒、白朗蓝、藏青 336、喜玛拉 4 号，山青 5 号等春青稞品种，开始了品种的更新换代。20 世纪 70 年代起，西藏各农业科研单位逐步开展青稞杂交组合的配置，同时继续进行青稞及皮大麦品种资源的广泛收集、筛选，到 20 世纪 80 年代初杂交选育出藏青 1 号、藏青 7239、喜玛拉 5 号、喜玛拉 6 号、喜玛拉 8 号、山青 6 号等近 10 个新品种，在生产上得到大面积应用，多数品种成为主要农区生产上的当家品种。但从总体上看，该阶段的杂交方式多为当地农家品种间的单交，在性状选择方面以提高产量为主要目标，是西藏杂交育种的第 1 阶段。进入 20 世纪 80 年代后，青稞育种的科研工作得到了全面、迅速发展，开始进行青稞辐射诱变育种的相关研究，建立了青稞冬季繁育加代基地，育成的品种产量逐步得到提高，从最初的亩产 313.5 千克到现在新近育成的品种亩产可达 500 千克。2000 年后，西藏自治区的青稞育种进入了高速发展和提质阶段，这一时期西藏青稞育种专家对引进的青稞资源材料或品种的适应性、产量、抗性、品质等综合性状进行鉴定与筛选，并利用筛选鉴定出的优异材料对自治区内广适性青稞品种进行遗传改良，培育出了以藏青2000 为代表的一系列适应不同生态区和加工类型的青稞新品种。

2017 年 5 月 1 日，农业部颁布《非主要农作物品种登记办法》，把非主要农作物纳入全国统一管理，大麦（青稞）作为 7 种粮食作物之一被列入第 1 批 29 个非主要农作物目录。自此，大麦（青稞）品种登记进入快速发展阶段，标志着我国大麦品种管理向市场化迈出重要一步，在规范品种管理、促进种业健康持续发展方面发挥了重要作用，为推动种业健康发展注入了创新活力。截至 2024 年 7 月，全国共登记大麦品种 306 个，占全国非主要农作物品种的 0.93%。

二、育种技术研究

育种是一项长期工作，大麦育种距今已有百年历史，新品种选育需综合考虑发展需求，因地选种，因需选种，明确育种目标。相对于大麦的栽培历史，大麦遗传育种工作起步较晚，从常规育种方法到花药培养技术，再到分子标记辅助选择，大麦遗传育种技术的发展使大麦产量和品质都得到了很大的提升，常规育种方法主要包括引种、选择育种、有性杂交育种、杂种优势育种、物理及化学诱变育种、离体组织培养育种。大麦遗传育种技术在大麦产业的发展中起到了举足轻重的作用。大麦遗传育种发展到今天，技术方法已经更加成熟先进。在过去几十年的育种改良过程中，育种目标从提高产量到提升品质，有了很大的改变。前人针对育种技术和方法有很多总结和分析。

2013 年江苏沿海地区农业科学研究所以《大麦遗传育种技术研究进展》为题进行了分析和总结，表明我国大麦育种工作起步较晚，在过去几十年的育种改良过程中，育种目标从提高产量到提升品质，有了很大的改变。常规育种方法主要包括引种、选择育种、有性杂交育种、杂种优势育种、物理及化学诱变育种、离体组织培养育种。在大麦单倍体育种方面，1993 年江苏沿海地区农业科学研究所与中国科学院遗传与发育生物学研究所合作，利用花药培养技术，培育出的优质、高产的啤酒大麦品种单二，是我国第 1 个用花药技术选育的大麦新品种，推广面积达 50 万公顷，由于其优良的麦芽酿造品质，至今还有大面积的种植，受到各大麦芽公司的青睐和好评。还有上海市农业科学院与浙江嘉兴市农业科学研究所合作，利用花药培养选育的花 30 大麦品种，在生产上也表现出较强的优势。大麦小孢子离体培养研究也有较好的进展，2002 年陆瑞菊等利用大麦小孢子离体培养技术，育成了优良大麦新品系花 98 - 112。基于大麦花药培养、小孢子培养等研究的深入，大麦加倍单倍体（DH）在遗传育种中的潜力也被进一步发掘。由于 DH 群体本身具有完全纯合、无遗传变异的特性，因此 DH 群体在大麦遗传育种研究中具有许多明显的优势。加倍单倍体育种其纯合过程只需要一代，比传统育种节省了几个世代，可明显加快育种进程。

2020 年内蒙古自治区农牧业科学院作物育种与栽培研究所以《大麦育种与栽培技术研究现状分析》为题进行研究，文章围绕大麦育种及栽培研究现状，从研究方法、方向、成效 3 个方面分别阐述了目前国内大麦育种栽培面临的专用型品种不足、栽培技术粗放、栽培模式单一、综合质量水平低、生产成本高等问题，提出了啤用、饲用、粒苗兼用型等育种研究目标及高产高效配套栽培技术、机械化高效作业方法等栽培方向，建议在今后育种上将现代分子生物学技术与传统育种技术结合，加快新品种选育，同时完善优质高产高效的栽培技术，提高机械化栽培程度，节约成本。研究表明，早期大麦育种以系统选育为主要方法，以高产为主要育种目标，如最早的 Chevallier 就是系统选育而成。而随着科技进步及人们生产发展需要的不断增长，育种者在追求产量育种的同时，也增加了对品质、抗性育种的需求，与此同时，育种方法也经历了由常规育种（包括引种、选择育种、杂交育种、杂种优势育种、诱变育种）到单倍体育种（包括花药离体培养、小孢子离体培养）再到分子辅助育种（包括遗传图谱的构建、遗传多样性研究及种质资源鉴定、重要性状基因定位）的转变。常规育种作为最普遍的育种方式，育成的品种最多。目前，随着基因组学的日趋成熟，分子标记辅助育种已成为当前大麦育种的流行趋势。与传统育种相比，定向选择极大地缩短了育种时间，提高了育种效率，加快了大麦新品种的更新换代，满足了日趋扩大的市场需求。当前常用的分子标记技术包括 SSR、ISSR 及 SNP 等，SNP 因具有遗传稳定性高、检测方便快速、位点丰富等特点，现已成为普遍应用的分子标记技术之一。

2022 年西藏农牧学院以中国知网为数据来源，利用文献计量学统计方法，对 2010—2020 年中国知网收录的 547 篇大麦育种技术研究文献进行分析。结果表明：我国大麦育种技术研究文献主题集中在啤酒大麦方面，达 42 篇。从不同年份发文量看，2010 年和 2012 年发文量最多，均为 63 篇；2017 年和 2020 年最少，仅 40 篇。从不同学科类别发文量看，农作物学科发文量最多，达 408 篇，占检索总文献的 74.59%；一般化学工业最少，仅 3 篇，占 0.55%。从不同文献来源分布看，学术期刊的发文量最多，其中刊登在《大麦与谷类科学》的最多，达 42 篇。从不同文献作者的隶属机构分布看，甘肃农业大学发文量最多，为36篇。从不同基金项目看，国家自然科学基金资助的发文量最多，为84篇。应加强大麦优良新品种的选育，以及不同生态条件下播期、施肥、密度与高产的关系研究。在检索出的547篇文献中，发文量前10位的隶属机构有230篇，其中，甘肃农业大学发文量最多，达36篇，占发文量前10位隶属机构总发文量的15.65%；扬州大学、四川农业大学、浙江大学、江苏沿海地区农业科学研究所、云南省保山市农业科学研究所、西北农林科技大学、云南农业大学、云南省农业科学院生物技术与种质资源研究所、华中农业大学的发文量分别为13.48%、11.74%、11.30%、10.00%、8.70%、7.83%、7.83%、6.96%、6.52%。这表明，我国在大麦育种技术方面的研究机构范围非常广泛，对于培养有关大麦育种技术方面的专业人才和交流协同发展具有重要意义。分子标记辅助选择，即DNA标记、QTL定位和基因编辑等分子生物学技术的应用，极大地提升了大麦育种的效率。例如，利用分子标记辅助选择技术，成功地培育出了抗病虫害和耐逆境的大麦新品种。基因编辑技术，即CRISPR/Cas9等基因编辑工具的应用，为精准修改大麦基因组提供了新的途径，通过这种技术，可以快速获得具有所需性状的大麦品种。

三、中国大麦高产创建情况

全国育种和栽培专家一直在为完善大麦高产栽培技术体系、推动大麦产业稳定发展而努力。近年来，全国出现了不少大麦新品种高产示范典型，为大麦产量极量创新做出了贡献。根据史料或查询文献整理了部分高产信息，部分信息如下。

1981年江苏省大丰县（今盐城市大丰区）红花一队示范113亩盐辐矮早三大麦，亩产达到518千克。

2008年5月12日，丽江市科技局主持，邀请市、县两级农业专家组成验收组对玉龙纳西族自治县黎明傈僳族乡中兴村如意小组实施的云大麦1号60亩高产示范样板进行实产验收，其中对秦建国农户云大麦1号1.49亩示范田块，进行实产验收，亩产达655.83千克。

2008年保山市农业科学研究所在隆阳区板桥镇青莲村委会百忍屯村打造150亩丰产样板，经市、区两级科技人员深入农户落实产量，150亩田块平均亩产为565.6千克，其中最高单产为683.3千克/亩。

2009年4月17日，经由云南省农业技术推广总站、种子管理站等单位有关专家组成的省级专家组现场实收，保山市腾冲县（今保山市腾冲市）罗坪村云大麦 2 号 206 亩连片高产样板平均亩产为 629.6 千克，最高单产为 720.8 千克/亩，刷新了我国百亩连片大麦平均亩产和大麦最高单产纪录，创下历史新高。

2010 年 4 月 27 日，云南省农业科学院邀请省、市两级有关单位的专家对隆阳区云大麦 2 号及蚕豆间套种连片百亩示范样板进行验收，结果百亩平均亩产为 563.7 千克，每亩还可多收 96.1 千克的套种蚕豆，机械实收 2.74 亩，折合亩产为 642.4 千克，在特大干旱情况下取得了喜人的高产。

2010 年 5 月 8 日，云南省农业科学院邀请省、市两级有关专家对玉龙纳西族自治县黎明傈僳族乡实施的云大麦 2 号连片 121.7 亩示范样板进行验收，121.7 亩平均亩产 614.5 千克；对杨世传户 1.0 亩进行了全田机械实收，折合亩产 712.9 千克。

2014 年青海省相关专家组对青稞新品种昆仑 14 号高产示范田进行现场测产，亩产高达 351 千克，创下了高寒地区青稞产量的新纪录。

2016 年度云南省丽江市农业科学研究所实施的大麦（青稞）极量创新试验示范中，经实收，大麦 82 - 1 最高单产为 745.9 千克，青稞云大麦 12 号亩产 608.2 千克，百亩连片平均亩产达 631.5 千克，创造了全国大麦、青稞单产最高纪录和大麦百亩连片平均亩产最高纪录。

2016 年凤大麦 7 号洱源县海拔 2 130 米稻茬旋耕浅旋耕轻简高效栽培百亩示范，省级专家实产验收，加权平均亩产达 627.70 千克，创云南省高海拔稻茬大麦轻简高效栽培高产纪录，同年在鹤庆县海拔 1 927 米千亩示范，综合加权平均亩产 608.23 千克，创全国新高。

2017 年 5 月 12 日由云南省农业厅和云南省农业科学院共同主持，邀请省内外专家组成专家组，对丽江黎明傈僳族乡中兴村委会高产攻关田块进行了田间实收测产，产量为 624.75 千克/亩，丽江冬青稞新品种云大麦 12 号单产再次突破了 600 千克/亩。

2018 年由云南省农业厅主持，邀请了国家小麦产业技术体系专家组成专家组，对玉龙纳西族自治县农业局农业技术推广中心承担的大麦绿色高产高效创建项目进行实收测产，S - 4 高产示范田亩产达 756.6 千克。

2019 年 10 月 21 日，由青海省种子管理站、青海省农林科学院等单位有关专家组成的专家组，根据农业部《全国粮食高产创建测产验收办法（试行）》进行测产，亩产量达到了 487.65 千克，比历史最高纪录每亩 350 千克高出

130 多千克，海北藏族自治州青稞单产量首次接近千斤 *。

2020 年在玉龙纳西族自治县的黎明傈僳族乡中兴村委会柏木组实施大麦与烤烟轮作核心示范片 1 片，示范品种为大麦品种 82-1，示范面积为 150 亩左右，经项目组测产，最高亩产为 729.49 千克，150 亩平均亩产为 635.14 千克。

2020 年 4 月 27 日，云南省农业农村厅牵头，邀请来自云南省农业科学院、云南省农村科技服务中心以及保山市、县两级的专家共同组成了专家组。专家组对保山市农业科学研究所选育的、由丽江市农业科学研究所实施的保啤麦 26 号新品种高产攻关试验田进行田间测产验收，经测定，该试验田的亩产达到了 749.56 千克，居全国大麦单产第 2 位。同时，另一品种云大麦 12 号在丽江市的试验田中，亩产也达到了 638.4 千克，再次树立了丽江市大麦及青稞作物的高产典型。

2021 年 6 月，江苏省农业技术推广总站组织国内大麦专家，对扬州大学农学院育成的扬农啤 7 号高产攻关田进行了实收测产，换算得出平均亩产 644.8 千克，其中五生产区二十八大队北三号田 3.34 亩大麦实际亩产达 662.0 千克，首次突破了 650 千克大关，创造了江苏省内大麦小面积单产最高纪录。

2022 年 6 月，经专家测产，连云港市农业科学院自主培育的大麦品种港啤 3 号平均单产 686.03 千克/亩，刷新江苏大麦最高产纪录。此次测产的高产田总面积 50 亩，位于江苏省农垦集团有限公司临海农场，专家组参照《全国粮食高产创建测产验收办法》进行实产验收，实际测产面积为 3.52 亩，鲜籽粒净重为 2 980 千克，平均含水率为 29.5%，以国际种子含水量 13% 折算亩产。

2023 年 8 月 31 日，国家重点研发计划"青稞高产优质新品种选育与轻简化抗逆丰产技术研发及集成示范"项目组邀请相关专家组成田间测产组，对海西蒙古族藏族自治州都兰县香日德镇新源村、乐盛村实施的高产创建示范方进行田间测产。专家组根据农业农村部《全国粮油绿色高质高效创建测产验收办法》进行测产验收，初步明确了不同抗逆丰产技术的增产效果及机理，建立了 5 个青稞高效生产技术示范方，示范方中昆仑 15 号实收产量达 678.45 千克/亩，打破了该品种在青海省有史以来 621.0 千克/亩的高产纪录。

2024 年 5 月 10 日，由云南省、市、县三级相关专家，对保山市农业科学研究所、丽江市农业科学研究所联合实施的保啤麦 28 号 112 亩连片示范样板进行实收测产，结果传来喜讯，保啤麦 28 号示范片加权平均亩产为 667.36 千克。

---

* 斤为非法定计量单位，1 斤＝500 克。——编者注

2024 年 5 月 25 日，扬州大学农学院与江苏沿海地区农业科学研究所组织国内专家对在江苏省盐城市射阳县标准化种植的啤酒大麦示范田进行实收测产，专家组对扬农啤 7 号、扬农啤 14 号和苏啤 12 号三个品种进行现场机收测产，经面积测量、称重、测水分、除杂等程序后，亩产最终核定为 678.8 千克、767.5 千克、681.2 千克，产量创出新高，创造了江苏啤酒大麦高产的新纪录。

第五节　中国大麦品种登记概况

对全国通过国家登记的大麦品种进行统计和分析（数据来源：中国种业大数据平台品种登记查询板块，网址 http://202.127.42.47：6010/index.aspx；截止日期：2024 年 7 月；最后一批非主要农作物品种登记公告：中华人民共和国农业农村部公告第 807 号），全国通过农业农村部非主要农作物品种登记的品种数量共 32 866 个，其中大麦 306 个（表 2－2），占全国非主要农作物品种的0.93%，其中 2018 年登记品种数量为 65 个，是品种数量最多的年份，2020 年及以前以原各省份登记、鉴定或已销售的品种重新进行国家登记为主，2021 年后主要为新选育的品种。

按照使用类型划分，啤用大麦品种数量最多，有 137 个品种，占比为44.77%；其次为饲用大麦，有 95 个品种，占比为 31.05%；粮用大麦占比为22.55%；青贮大麦品种有 3 个；粮草兼用和制曲型品种各仅有 1 个。从登记总体情况来看，专用大麦品种数量较少。2024 年开始出现青贮专用大麦品种，均为云南品种。

表 2－2　全国大麦（青稞）品种登记数量及类型

单位：个

年度（年）	数量	类型					
		啤用	饲用	粮用	粮草兼用	制曲	青贮
2017	34	16	12	6	0	0	0
2018	65	41	19	5	0	0	0
2019	22	7	8	6	1	0	0
2020	57	36	12	9	0	0	0
2021	14	5	3	6	0	0	0
2022	35	11	14	10	0	0	0

（续）

年度（年）	数量	类型					
		啤用	饲用	粮用	粮草兼用	制曲	青贮
2023	41	8	16	16	0	1	0
2024	38	13	11	11	0	0	3
合计	306	137	95	69	1	1	3
所占比例（%）		44.77	31.05	22.55	0.33	0.33	0.98

全国共有 17 个省份的 54 家单位有大麦（青稞）品种通过全国非主要农作物品种登记（表 2-3），其中江苏拥有 12 家育种单位，是育种单位最多的省份，云南以 10 家单位居第 2 位。从育种单位类型上分析（表 2-4），科研院所有 34 家单位，共登记了 250 个品种，占全国品种登记的比例为 81.70%，是大麦育种中的优势单位类型，平均每家单位登记品种数量为 7.35 个；有 14 家企业登记了 24 个品种，占全国品种登记比例为 7.84%，平均每家单位登记品种 1.71 个；6 家高校单位登记了 32 个品种，占全国品种登记比例为 10.46%，平均每家单位登记品种数量为 5.33 个。省际间品种登记数量差异大，登记品种数量较多的省份主要集中在云南、江苏、甘肃、黑龙江、浙江、四川、湖北和青海等 8 个省份，占全国品种登记数量的 90.85%。

表 2-3　各省大麦（青稞）育种单位和品种数量

省份	单位数量（个）	单位排名	品种数量（个）	品种排名	品种比例（%）	品种命名系列
云南	10	2	101	1	33.01	云大麦、云饲麦、云啤麦、保大麦、凤大麦、云贮麦、云青等
江苏	12	1	43	2	14.05	港啤、连饲麦、扬农啤、扬饲麦、苏啤等
甘肃	6	3	32	3	10.46	甘啤、甘饲麦、陇啤、陇饲麦、甘垦糯等
黑龙江	4	4	28	4	9.15	龙稞、龙饲麦、龙啤麦、垦啤麦、克啤麦等
浙江	3	6	24	5	7.84	浙啤、浙皮、浙大等
四川	4	4	18	6	5.88	阿青、康青、康青糯、川大麦、成农糯等
湖北	2	7	18	7	5.88	华大麦、鄂大麦等

（续）

省份	单位数量（个）	单位排名	品种数量（个）	品种排名	品种比例（%）	品种命名系列
青海	2	7	14	8	4.58	北青、昆仑等
安徽	1	8	6	9	1.96	皖饲麦、皖啤麦等
西藏	2	7	5	10	1.63	藏青、喜玛拉等
上海	2	7	4	11	1.31	海花等
内蒙古	1	8	4	12	1.31	蒙啤麦
河南	1	8	3	13	0.98	驻啤麦、驻饲麦等
山西	1	8	2	14	0.65	汾麦、神科麦等
新疆	1	8	2	15	0.65	新啤等
北京	1	8	1	16	0.33	中啤麦等
贵州	1	8	1	17	0.33	黔麦等
合计	54	—	306	—	100	—

表 2-4　全国大麦（青稞）品种登记数量及类型

单位类型	单位数量（个）	品种数量（个）	品种比例（%）	单位名单
科研院所	34	250	81.70	云南省农业科学院粮食作物研究所、保山市农业科学研究所、大理白族自治州农业科学推广研究院、临沧市农业技术推广站、曲靖市农业科学院、云南省农业科学院生物技术与种质资源研究所、腾冲市农业技术推广所、迪庆州农业科学研究所、弥渡县种子管理站、浙江省农业科学院、甘肃省农业科学院经济作物与啤酒原料研究所、江苏沿海地区农业科学研究所、连云港市农业科学院、江苏沿江地区农业科学研究所、海北藏族自治州农牧科学研究所、黑龙江省农垦科学院、黑龙江省农业科学院作物资源研究所、黑龙江省农业科学院对俄农业技术合作中心、黑龙江省农业科学院克山分院、驻马店市农业科学院、湖北省农业科学院粮食作物研究所、青海省农林科学院、四川省农业科学院作物研究所、甘南藏族自治州农业科学研究所、甘肃省农业工程技术研究所、安徽省农业科学院作物研究所、甘孜藏族自治州农业科学研究所、阿坝藏族羌族自治州农业科学技术研究所、嘉兴市农业科学研究院、西藏自治区农牧科学院农业研究所、内蒙古自治区农牧业科学院、新疆农业科学院奇台麦类试验站、日喀则市农业科学研究所、中国农业科学院作物科学研究所。

(续)

单位 类型	单位数量 (个)	品种数量 (个)	品种比例 (%)	单位名单
企业	14	24	7.84	甘肃科隆农业有限责任公司、盐城市育新种业有限公司、上海光明种业有限公司、上海海丰大丰种业有限公司、昆明田康科技有限公司、甘肃金陇农业科技开发有限公司、江苏江淮种子公司、江苏如东县种子有限公司、江苏盐城金瑞农业生产资料有限公司、江苏中禾种业有限公司、贵州力合农业科技有限公司、兰州宏佳农业科技有限公司、江苏南通中江农业发展有限公司、江苏民星农业科技有限公司。
高校	6	32	10.46	扬州大学大麦研究所、华中农业大学、山西农业大学小麦研究所、成都农业科技职业学院、浙江大学、盐城师范学院。
合计	54	306	—	—

注：涉及合并和变更名称的单位均按现名归类。

从各育种单位通过国家登记的品种数量进行分析（表2-5），云南省农业科学院粮食作物研究所和云南省农业科学院生物技术与种质资源研究所两家单位登记品种数量均为29个，是全国大麦品种登记数量最多的单位，保山市农业科学研究所*（品种数量为24个）、浙江省农业科学院（品种数量为18个）、甘肃省农业科学院经济作物与啤酒原料研究所（品种数量为14个）、扬州大学大麦研究所（品种数量为12个）、华中农业大学（品种数量为12个）、江苏沿海地区农业科学研究所（品种数量为10个）、黑龙江省农业科学院作物资源研究所（品种数量为10个）、大理白族自治州农业科学推广研究院（品种数量为9个）、海北藏族自治州农牧科学研究所（品种数量为9个）是全国大麦品种登记数量前11的单位。值得注意的是，除云南省农业科学院粮食作物研究所外，其余10家单位均为国家大麦青稞产业体系岗站成员单位（表2-5）。近年来，云南省农业科学院粮食作物研究所在经费困难的情况下，依托云南省麦类产业技术体系，持续开展大麦育种并取得了傲人的成绩，选育出一大批优良大麦（青稞）品种，推广种植面积和产量逐年增加，缓解了云南省畜牧业发展饲料短缺、啤酒原料靠进口等问题，对我国大麦育种事业起到重要作用。今后，云南省农业科学院粮食作物研究所将以啤饲大麦品种选育为主线，同时针对不同产业需求开展专

---

* 2024年12月18日，保山市农业科学研究所更名为保山市农业科学研究院。——编者注

用、特用品种选育，持续优化新品种选育和良种繁育推广体系，缩短优良种子科研投产周期，力争短时间内培育出更多优质种子、为攥紧中国种子、端稳中国饭碗贡献力量。

同时，黑龙江省农业科学院克山分院、驻马店市农业科学院、盐城师范学院和中国农业科学院作物科学研究所等 4 家单位在 2024 年第 1 次作为第 1 育种单位进行了大麦品种登记，为全国大麦育种注入了新的单位力量。

表 2-5　全国大麦育种单位各年度育种数量情况

单位：个

育种单位	2017 年	2018 年	2019 年	2020 年	2021 年	2022 年	2023 年	2024 年	合计	排名（无单位）
云南省农业科学院粮食作物研究所	0	0	0	15	1	9	1	3	29	1
云南省农业科学院生物技术与种质资源研究所	0	22	0	2	0	0	5	0	29	1
云南保山市农业科学研究所	9	3	3	1	0	2	3	3	24	3
浙江省农业科学院	1	2	4	1	0	4	3	3	18	4
甘肃省农业科学院经济作物与啤酒原料研究所	0	0	0	4	4	0	6	0	14	5
江苏扬州大学大麦研究所	9	0	0	0	0	3	0	0	12	6
湖北华中农业大学	0	5	3	0	0	2	2	0	12	6
江苏沿海地区农业科学研究所	4	1	0	4	0	0	1	1	11	8
黑龙江省农业科学院作物资源研究所	0	2	0	0	5	0	1	2	10	8
云南大理白族自治州农业科学推广研究院	0	0	0	9	0	0	0	0	9	10
海北藏族自治州农牧科学研究所（青海省海北藏族自治州农业科学研究所）	2	2	0	0	1	0	3	1	9	10
江苏连云港市农业科学院	0	2	0	4	0	0	2	0	8	12

（续）

育种单位	2017年	2018年	2019年	2020年	2021年	2022年	2023年	2024年	合计	排名（无单位）
黑龙江省农垦科学院（黑龙江省农垦总局红兴隆农业科学研究所）	0	6	0	0	0	1	0	2	9	13
湖北省农业科学院粮食作物研究所	0	3	1	0	0	1	1	0	6	14
安徽省农业科学院作物研究所	0	0	2	0	0	0	2	2	6	14
四川省农业科学院作物研究所	0	0	2	1	0	0	2	1	6	14
甘肃甘南藏族自治州农业科学研究所	0	2	0	0	0	2	0	2	6	14
甘肃科隆农业有限责任公司	0	5	0	0	0	0	0	0	5	18
黑龙江省农业科学院对俄农业技术合作中心	0	0	5	0	0	0	0	0	5	18
青海省农林科学院	4	0	0	0	0	0	1	0	5	18
甘肃省农业工程技术研究院	0	0	0	0	2	2	0	1	5	18
四川甘孜藏族自治州农业科学研究所	0	0	0	3	0	0	1	1	5	18
浙江嘉兴市农业科学研究院	0	0	0	0	0	3	0	2	5	18
江苏省盐城市育新种业有限公司	4	0	0	0	0	0	0	0	4	24
内蒙古自治区农牧业科学院	0	0	0	2	0	0	0	2	4	24
四川成都农业科技职业学院	0	0	0	0	1	0	0	3	4	24
黑龙江省农业科学院克山分院	0	0	0	0	0	0	0	4	4	24
四川阿坝藏族羌族自治州农业科学技术研究所	0	0	0	3	0	0	0	0	3	28
云南弥渡县种子管理站	0	0	0	3	0	0	0	0	3	28

（续）

育种单位	2017年	2018年	2019年	2020年	2021年	2022年	2023年	2024年	合计	排名 （无单位）
西藏自治区农牧科学院农业研究所	0	0	0	0	0	3	0	0	3	28
驻马店市农业科学院	0	0	0	0	0	0	0	3	3	28
上海光明种业有限公司	0	2	0	0	0	0	0	0	2	32
上海海丰大丰种业有限公司	0	2	0	0	0	0	0	0	2	32
云南迪庆州农业科学研究院	0	0	2	0	0	0	0	0	2	32
云南昆明田康科技有限公司	0	2	0	0	0	0	0	0	2	32
山西农业大学小麦研究所	0	0	0	0	0	1	1	0	2	32
新疆农业科学院奇台麦类试验站	0	0	0	0	0	1	1	0	2	32
西藏日喀则市农业科学研究所	0	0	0	0	0	0	2	0	2	32
甘肃金陇农业科技开发有限公司	0	1	0	0	0	0	0	0	1	39
江苏江淮种子公司	0	1	0	0	0	0	0	0	1	39
江苏如东县种子有限公司	1	0	0	0	0	0	0	0	1	39
江苏沿江地区农业科学研究所	0	1	0	0	0	0	0	0	1	39
江苏盐城金瑞农业生产资料有限公司	0	0	0	1	0	0	0	0	1	39
江苏中禾种业有限公司	0	1	0	0	0	0	0	0	1	39
云南临沧市农业技术推广站	0	0	0	1	0	0	0	0	1	39
云南曲靖市农业科学院	0	0	0	1	0	0	0	0	1	39
云南腾冲巾农业技术推广中心	0	0	0	1	0	0	0	0	1	39

（续）

育种单位	2017 年	2018 年	2019 年	2020 年	2021 年	2022 年	2023 年	2024 年	合计	排名（无单位）
浙江大学	0	0	0	1	0	0	0	0	1	39
贵州力合农业科技有限公司	0	0	0	0	0	1	0	0	1	39
甘肃兰州宏佳农业科技有限公司	0	0	0	0	0	0	1	0	1	39
江苏南通中江农业发展有限公司	0	0	0	0	0	0	1	0	1	39
江苏民星农业科技有限公司	0	0	0	0	0	0	1	0	1	39
盐城师范学院	0	0	0	0	0	0	0	1	1	39
中国农业科学院作物科学研究所	0	0	0	0	0	0	0	1	1	39
合计	34	65	22	57	14	35	41	38	306	—

注：涉及单位合并和变更名称均按现单位名称进行归类。

第六节　中国大麦品种保护现状

植物新品种权，也叫植物育种者权利，俗称"植物新品种保护"。该权利是专门授予育种者的，允许其独占性地利用其培育出的植物品种所特有的性状与优势。这一权利具有排他性，与专利、商标及著作权一样，同属于知识产权保护体系中的关键一环。追溯历史，植物新品种保护制度起源于西方发达国家，相较之下，我国在该领域的制度建设起步较晚。

为了保护植物新品种权，鼓励培育和使用植物新品种，促进农业、林业的发展，1997 年 3 月 20 日国务院发布了《中华人民共和国植物新品种保护条例》，1999 年 4 月 23 日我国加入国际植物新品种保护联盟（UPOV），成为其第 39 个成员，开始受理国内外品种权申请。1999 年 6 月农业部发布《中华人民共和国植物新品种保护条例实施细则（农业部分）》，详细规定了品种权的内容和归属，授予品种权的条件，品种权的申请和受理，品种权的审查与批准，文件的提交、送达和期限，费用和公报等，标志着农业植物新品种保护制度在我国开始正式实施。20 多年来，我国的植物新品种保护在摸索中不断前进。2003 年 7 月 24

日，大麦列入第 5 批植物新品种保护名录内，同日我国开始受理国内外大麦新品种权的申请，并对符合条件的申请授予品种权。江苏沿海地区农业科学研究所选育的苏啤 3 号于 2003 年 10 月 23 日进行植物新品种权申请，2005 年 11 月 1 日通过授权，是中国第 1 个申请大麦品种权保护并获得品种权授权的品种。

2024 年江苏省农业科学院种质资源与生物技术研究所以中国种业大数据平台大麦品种保护数据为基础，整理、统计并分析了自 2003 年大麦新品种受保护以来至 2022 年我国大麦新品种权申请与授权数据，从申请与授权数量、申请主体、申请省份以及品种类型等不同角度系统阐述了我国大麦的基本情况。结果表明，至 2022 年 12 月 31 日，我国受理大麦品种权申请量和授权量在四大禾谷类作物中数量最少，共受理品种权申请 248 件，占总申请量的 0.41%，授权 115 件，占总授权量的 0.51%，获得授权数占申请数量的 46.37%。2003 年我国开始受理国内外大麦新品种权的申请，当年申请数量为 3 件；历时 2 年后，2005 年大麦新品种获得授权数量为 2 件。截至 2022 年 12 月 31 日，累计受理大麦品种权保护申请 248 件，获得授权 115 件。2013 年无大麦品种获得授权。2020 年大麦新品种权保护申请数量最多，达 31 件。2017 年获得授权的数量最多，达 21 件。总体来看，20 年来大麦品种权保护申请数量逐年增多，说明我国大麦育种家品种保护意识逐渐增强。全国共有 16 个省（自治区、直辖市）和其他国家或地区申请大麦品种权保护，其中，江苏、云南、甘肃和浙江申请数量较多，分别为 89 件、32 件、28 件和 27 件，分别占总申请量的 35.89%、12.90%、11.29%和 10.89%，其余国家或地区申请数量较少，均低于总申请数量的 6.00%。江苏、云南、浙江和甘肃获得大麦品种权授权数量较多，分别为 47 件、19 件、10 件和 9 件，占授权总量的 40.87%、16.52%、8.70%和 7.83%，其余国家或地区获得品种权授权数量较少，均低于总授权数量的 7.00%。获得授权数量占申请数量比例较高的地区是黑龙江、上海和云南，分别为 70.00%、66.67%和 59.38%。国外地区申请我国大麦品种权保护的主要是法国、澳大利亚和日本。大麦品种权申请人和品种权人中，江苏沿海地区农业科学研究所、甘肃省农业科学院、云南省农业科学院、扬州大学和浙江省农业科学院申请及获得品种权数量居前列，其中江苏沿海地区农业科学研究所申请和获得授权数量最多，申请 27 件，占大麦品种权保护申请总量的 10.89%；获得授权 21 件，占大麦品种权授权总量的 18.26%。

2024 年云南省农业科学院粮食作物研究所以中国种业大数据平台大麦品种保护数据为基础，整理、统计并分析了自 2023 年 1 月 1 日至 2024 年 7 月

31 日我国大麦新品种权申请与授权数据。结果表明，其间共新受理大麦品种权申请 44 件，占总申请量的 0.29%，授权 32 件，占总授权量的 0.33%。从申请数量上分析，云南申请 14 件，居第 1 位，浙江以申请 8 件居第 2 位。从授权数量上进行分析，连云港市农业科学院和西藏自治区农牧科学院农业研究所授权数量均为 5 件，数量为最多；江苏民星农业科技有限公司和浙江省农业科学院均授权 4 件，居第 2 位。

综合江苏省农业科学院种质资源与生物技术研究所和云南省农业科学院粮食作物研究所两家单位数据，截至 2024 年 7 月 31 日，全国累计受理大麦品种权保护申请 292 件，获得授权 147 件，其中，按照申请数量进行分析，江苏 94 件、云南 46 件、浙江 35 件、甘肃 28 件和西藏 17 件，申请数量较多，居申请数量的前 5 位，其余国家或地区申请数量较少。按照授权数量进行分析，江苏 58 件、云南 19 件、浙江 14 件、西藏 12 件和甘肃 11 件，是大麦品种权授权数量前 5 的省份（表 2-6）。

表 2-6　全国大麦品种权授权情况

所在地区	申请数量（件）	授权数量（件）	申请人/品种权人 [申请数量（件）/授权数量（件）]
江苏	94	58	江苏沿海地区农业科学研究所（27/21）、扬州大学（17/10）、连云港市农业科学院（12/7）、盐城师范学院（16/2）、江苏民星农业科技有限公司（8/8）、江苏里下河地区农业科学研究所（3/1）、如东县农业技术推广中心（2/1）、张明生（1/1）、盐城金瑞农业生产资料有限公司（1/1）、江苏大中农场集团有限公司（1/1）、江苏省农垦麦芽有限公司（1/1）、大丰市农丰种业有限公司（1/1）、江苏沿江地区农业科学研究所（1/1）、盐城市种业有限公司（1/1）、江苏东亚富友种业有限公司（1/1）、上海海丰大丰种业有限公司（1/0）
云南	46	19	云南省农业科学院（27/10）、大理白族自治州农业科学推广研究院（8/8）、保山市农业科学研究所（10/1）、云南农业大学（1/0）
浙江	35	14	浙江省农业科学院（24/14）、浙江大学（9/0）、宁波市大未生物科技有限公司（2/0）
甘肃	28	11	甘肃省农业科学院（18/5）、甘南藏族自治州农业科学研究所（4/1）、甘肃省农业工程技术研究院（3/3）、甘肃省农垦农业研究院（3/2）
西藏	17	12	西藏自治区农牧科学院农业研究所（12/8）、西藏圣伯力生物技术有限公司（4/4）、日喀则市农业科学研究所（1/0）

（续）

所在地区	申请数量 （件）	授权数量 （件）	申请人/品种权人 ［申请数量（件）/授权数量（件）］
黑龙江	13	9	黑龙江省农垦总局红兴隆农业科学研究所（8/5）、黑龙江省农业科学院（5/2）、北大荒垦丰种业股份有限公司（—*/2）
湖北	10	6	湖北省农业科学院（6/4）、华中农业大学（3/1）、荆州市超丰农业科技开发有限公司（1/1）
四川	9	2	四川省农业科学院作物研究所（4/1）、甘孜藏族自治州农业科学研究所（2/1）、中国科学院成都生物研究所（2/0）、成都农业科技职业学院（1/0）
新疆	8	4	新疆农业科学院奇台麦类试验站（8/4）
国外	6	3	法国 RAGT2nSAS 公司（3/1）、西澳大利亚州农业局（2/2）、日本国立研究开发法人农业·食品产业技术综合研究机构（1/0）
安徽	6	2	安徽省农业科学院作物研究所（6/2）
青海	6	0	青海省农林科学院＋青海大学（4/0）、海北藏族自治州农业科学研究所（1/0）、中国科学院西北高原生物研究所（1/0）
河南	5	2	驻马店市农业科学院（3/1）、河南佛润特种麦类科技开发有限公司（2/1）
上海	3	3	上海市农业科学院（3/3）
山西	3	0	山西省农业科学院小麦研究所（2/0）、解登金（1/0）
陕西	2	1	郭万洲（2/1）
北京	1	1	中国农业科学院作物科学研究所（1/1）
合计	292	147	—

第七节　中国大麦（青稞）品种登记现行标准

自 2017 年农业部启动非主要农作物品种登记制度以来，为规范品种登记管理，陆续发布了《非主要农作物品种登记指南》、《大麦品种抗病性鉴定技术规程　第 1 部分：抗条纹病》（NY/T 3060.1—2016）、《大麦品种抗病性鉴定技术规程　第 2 部分：抗白粉病》（NY/T 3060.2—2016）、《大麦品种抗病性

---

* "—"为数据缺失，在品种保护系统中查询结果为空白。——编者注

鉴定技术规程　第 3 部分：抗赤霉病》（NY/T 3060.3—2016）、《大麦品种抗病性鉴定技术规程　第 4 部分：抗黄花叶病》（NY/T 3060.4—2016）、《大麦品种抗病性鉴定技术规程　第 5 部分：抗根腐病》（NY/T 3060.5—2016）、《大麦品种抗病性鉴定技术规程　第 6 部分：抗黄矮病》（NY/T 3060.6—2016）、《大麦品种抗病性鉴定技术规程　第 7 部分：抗网斑病》（NY/T 3060.7—2016）、《大麦品种抗病性鉴定技术规程　第 8 部分：抗条锈病》（NY/T 3060.8—2016）、《植物新品种特异性、一致性和稳定性测试指南 大麦》（GB/T 19557.31—2018）、《自主 DUS 测试方案（参考模板）及自主测试报告》。

一、非主要农作物品种登记指南　大麦（青稞）

申请大麦（青稞）品种登记，申请者向省级农业主管部门提出品种登记申请，填写《非主要农作物品种登记申请表　大麦（青稞）》，提交相关申请文件；省级部门书面审查符合要求的，再通知申请者提交种子样品。

（一）品种登记申请表

填写登记申请表的相关内容应当以品种选育情况说明、品种特性说明（包含品种适应性、品质分析、抗病性鉴定、转基因成分检测等结果），以及特异性、一致性、稳定性测试报告的结果为依据。

（二）品种选育情况说明

新选育的品种说明内容主要包括品种来源以及亲本血缘关系、选育方法、选育过程、特征特性描述，栽培技术要点等。单位选育的品种，选育单位在情况说明上盖章确认；个人选育的，选育人签字确认。在生产上已大面积推广的地方品种或来源不明确的品种要标明，可不作品种选育说明。

（三）品种特性说明

1. 品种适应性

根据不少于 2 个生产周期（试验点数量与布局应当能够代表拟种植的适宜区域）的试验，如实描述以下内容：品种的形态特征、生物学特性、产量、品质、抗病性、抗逆性、适宜种植区域（县级以上行政区）及季节，品种主要优点、缺陷、风险及防范措施等注意事项。

2. 品质分析

根据品质分析的结果，如实描述以下内容：品种的蛋白质、淀粉、可溶性糖、纤维含量等。

3. 抗病性鉴定

对品种的条纹病（全国）、条锈病（青藏）、黄矮病（全国）、根腐病（东北）、白粉病（南方）、赤霉病（南方），以及其他区域性重要病害进行抗性鉴定，并如实填写鉴定结果。

条纹病抗性分5级：免疫（IM）、高抗（HR）、中抗（MR）、中感（MS）和高感（HS）。

条锈病抗性分5级：免疫（IM）、高抗（HR）、中抗（MR）、中感（MS）和高感（HS）。

黄矮病抗性分6级：免疫（IM）、高抗（HR）、中抗（MR）、中感（MS）、感（S）和高感（HS）。

根腐病抗性分5级：免疫（IM）、高抗（HR）、中抗（MR）、中感（MS）和高感（HS）。

白粉病抗性分6级：免疫（IM）、高抗（HR）、中抗（MR）、中感（MS）、高感（HS）和极感（ES）。

赤霉病抗性分5级：免疫（IM）、高抗（HR）、中抗（MR）、中感（MS）和高感（HS）。

4. 转基因成分检测

根据转基因成分检测结果，如实说明品种是否含有转基因成分。

（四）特异性、一致性、稳定性测试报告

依据《植物品种特异性、一致性和稳定性测试指南　大麦》（GB/T 19557.31—2018）进行测试，主要内容包括：

旗叶：叶耳花青甙显色、叶耳花青甙显色强度、叶鞘蜡质，芒性：芒齿、光芒（仅适用于有芒品种），芒：相对于穗长度，穗：姿态、棱型、小穗密度、长度（不包括芒），籽粒：皮裸性、颜色、形状、千粒重，抽穗期，冬春性，幼苗生长习性，植株高度，颖果外稃花青甙显色强度，芒类型，每穗粒数，最低位叶叶鞘茸毛，低位叶叶鞘花青甙显色，以及其他与特异性、一致性、稳定性相关的重要性状，形成测试报告。

品种标准图片：种子、果实以及成株植株等的实物彩色照片。

（五）DNA 检测

上文中涉及的有关性状有明确关联基因的，可以直接提交 DNA 检测结果。

（六）试验组织方式

上文涉及的相关试验，具备试验、鉴定、测试和检测条件与能力的单位（或个人）可自行组织进行，不具备条件和能力的可委托具备相应条件和能力的单位组织进行。报告由试验技术负责人签字确认，由出具报告的单位加盖公章。

（七）已授权品种的品种权人书面同意材料

（八）种子样品提交

书面审查符合要求的，申请者接到通知后应及时提交种子样品。对申请品种权且已受理的品种，不再提交种子样品。

1. 包装要求

种子样品使用有足够强度的纸袋包装，并用尼龙网袋套装；包装袋上标注作物种类、品种名称、申请者等信息。

2. 数量要求

每品种种子样品 500 克。

3. 质量与真实性要求

送交的种子样品，必须是遗传性状稳定、与登记品种性状完全一致、未经过药物或包衣处理、无检疫性有害生物、质量符合国家种用标准的新收获种子。

在提交种子样品时，申请者必须附签字盖章的种子样品清单，并对提交的样品真实性作出承诺。申请者必须对其提供样品的真实性负责，一旦查实提交不真实样品的，须承担因提供虚假样品所产生的一切法律责任。

4. 提交地点

种子样品提交到中国农业科学院作物科学研究所国家种质库（邮编：100081，地址：北京市海淀区学院南路 80 号，电话 010 - 62186691，邮箱：zkszzk@caas. cn）。

国家种质库收到种子样品后，应当在 20 个工作日内确定样品是否符合要求，并为申请者提供回执单。

二、农作物品种试验规范　粮食作物（NY/T 3923—2021）——大麦（青稞）部分

（一）大麦（青稞）品种试验总结报告

1. 概述

本文件给出了《大麦（青稞）品种试验总结报告》的格式。

2. 报告格式

（1）封面

大麦（青稞）品种试验总结报告

（起止年月：_____ — _____）

试验区组：_____

试验地点：_____

承担单位（盖章）：_____

试验负责人：_____

试验执行人：_____

通信地址：_____

邮政编码：_____

联系电话：_____

E-mail：_____

（2）基本情况

①试验地概况：地点：_____（纬度_____，经度_____）；地形：_____，海拔：_____米；土壤类型：_____，土壤肥力：_____；前茬作物：_____；耕整地方式：_____。

②试验田间设计：参试品种：_____个（参试品种信息见表2-7）；对照品种：_____；重复次数：_____；排列方式：_____；小区面积：_____米²；小区长：_____米，小区宽：_____米；行距：_____厘米，株距：_____厘米；种植密度：_____株/亩。

③试验栽培管理

播种日期：_____，播种方式：_____，播种方法：_____，播种量：_____。

施肥情况（基肥、种肥、追肥的种类、数量、时间及方法）：_____。

表 2-7 参试品种信息表

品种编号	品种名称	品种来源	供种单位	联系人	电话
对照					

中耕除草（次数、时期、方法）：_____。

灌溉情况（次数、日期及方法）：_____。

病虫害防治（药剂、日期及方法）：_____。

收获情况（日期、方式）：_____。

生长期间的特殊事件：_____。

（3）试验观测调查结果

①物候期

物候期调查汇总表见表 2-8。

表 2-8 品种物候期调查表

品种编号	品种名称	播种期（天）	出苗期（月/日）	分蘖期（月/日）	拔节期（月/日）	抽穗期（月/日）	成熟期（月/日）	收获期（月/日）	生育期（天）

②植物学特征

植物学特征调查表见表 2-9。

表 2-9 品种植物学特征调查表

品种编号	品种名称	幼苗习性	冬春性	叶片颜色	叶耳颜色	分蘖力	株型	整齐度	棱形	芒型	芒性	籽粒带壳性	籽粒颜色

③经济性状

经济性状、产量调查汇总表见表 2-10 和表 2-11。

表 2 - 10　经济性状调查表

品种编号	品种名称	基本苗（万株/亩）	单株分蘖数（个）	株高（厘米）	穗长（厘米）	穗粒数（粒）	单株有效穗数（个）	亩穗数（万个/亩）	千粒重（克）	单株产量（克）

表 2 - 11　产量结果调查表

品种编号	品种名称	小区产量（千克）小区面积_____米²				比对照增、减产（%）	折亩产（千克/亩）	折公顷产（千克/公顷）	位次
		Ⅰ	Ⅱ	Ⅲ	平均				

④品质性状

按照籽粒、饲草等用途，分别按表 2 - 12 和表 2 - 13 记载。

表 2 - 12　籽粒与麦芽用品种品质检测记载表

品种编号	品种名称	蛋白质含量（%）	赖氨酸含量（%）	淀粉含量（%）	β-葡聚糖含量（%）	发芽率（%）	饱满粒（%）	麦芽浸出率（%）	糖化力（WK）	α-氨基氮含量（毫克/100克）	库尔巴哈值（%）

表 2 - 13　青饲及干草用品种品质检测记载表

品种编号	品种名称	水分（%）	蛋白质含量（%）	可溶性糖（%）	酸性洗涤纤维（%）	中性洗涤纤维（%）	木质素含量（%）	备注

⑤抗性调查结果

抗逆性、抗病性观测调查汇总表见表 2 - 14 和表 2 - 15。

表 2 - 14　抗逆性调查记载表

品种编号	品种名称	抗寒性	抗旱性	抗倒伏性		备注
		冻害发生日期：___月___日	干旱发生日期：___月___日	倒伏面积	倒伏程度	

表 2 - 15　抗病性调查记载表

品种编号	品种名称	条纹病	网斑病	黄矮病	根腐病	云纹病	赤霉病	白粉病	黄花叶病

（4）品种评述（特征特性、主要农艺性状及价值、用途等）

（分品种进行详细描述）

（5）栽培技术要点（播种、栽培管理等）

（在区试执行过程中的简要管理措施）

（6）品种注意事项（主要优点、缺陷、风险及防范措施）

（主要针对品种缺陷和种植过程中特别注意的事项进行描述）

（二）大麦（青稞）品种试验调查观测项目与记载标准

1. 基本情况

（1）试验地概况

主要包括地点（纬度、经度）、地形（平原、高原、高山、丘陵）、海拔、土壤类型、前茬、耕整地方式等情况。

（2）试验田间设计

参试品种数量、对照品种、小区排列方式、重复次数、种植密度、小区面积等。

（3）试验栽培管理

播种、施肥、浇水、中耕、除草、虫害防治等情况，同时记载在生长期内发生的特殊事件。

2. 调查观测项目与记载标准

（1）物候期

①播种期

播种的日期，以月/日表示，下同。

②出苗期

50％以上芽鞘露出地面1厘米的日期。

③分蘖期

50％以上植株第1叶腋出现分蘖的日期。

④拔节期

50％以上植株主茎第1节抽出地面1厘米左右的日期。

⑤抽穗期

50％以上植株的穗子顶部小穗（不包括芒）伸出旗叶鞘的日期。

⑥成熟期

籽粒腹沟褪色变黄、呈现本品种特征的日期。

⑦生育期

出苗到成熟的天数，以天表示。

（2）植物学特性

见GB/T 19557.31，重点观测项目及记载标准如下。

①幼苗习性

苗期调查，分为匍匐、直立、半直立3种。

②冬春性

分为冬性、半冬性和春性。

③叶片颜色

拔节后调查，分为深绿色、绿色和浅绿色3种。

④叶耳颜色

拔节后调查，分为白色、浅绿色、红色和紫色4种。

⑤分蘖力

拔节前调查，分为强、中、弱3个等级。

⑥株型

乳熟期调查，分为紧凑（叶片上冲，茎、穗挺直）、中间（叶片平展或下披，穗基部略弯曲）、松散（处于紧凑型和松散型中间）3种。

⑦整齐度

乳熟期调查，分为整齐、中等和不整齐 3 个等级。

⑧棱型

分为二棱和多棱 2 种。

⑨芒型

分为长芒（芒长大于穗长）、短芒（芒长短于或等于穗长）、钩芒（芒尖具钩状不完全花器官）、无芒（外颖壳颖尖见不到芒尖具钩状不完全花器官）4 种类型。

⑩芒性

分为齿芒和光芒 2 种。

⑪籽粒带壳性

分为带皮和裸粒 2 种。

⑫籽粒颜色

分黄色、红色、紫色、蓝色、褐色、黑色 6 种颜色。

（3）经济性状

①基本苗

分蘖开始前调查，每区取 1 行（或 100 厘米）标定样段，调查苗数，折算单位面积苗数，单位为万株/亩，保留 1 位小数。

②单株分蘖数

拔节期调查标定样段内总分蘖数，除以样段内已经调查取得的基本苗数，即得单株分蘖数。

③株高

植株基部至穗顶端长度，10 株平均，以厘米表示，保留 1 位小数。

④穗长

穗基部至穗顶长度，不包括芒，10 株平均，以厘米表示，保留 1 位小数。

⑤穗粒数

成熟后，随机取代表性穗 10 个计数，计算平均每穗结实粒数，保留 1 位小数。

⑥单株有效穗数

成熟期调查标定样段内总结实穗数，除以样段内已经调查的基本苗数，即得单株有效穗数。

⑦亩穗数

每小区取 1～2 行（或 100 厘米）调查穗数，折算单位面积穗数，单位为万个/亩，保留 1 位小数。

⑧千粒重

1 000 粒风干种子称重，重复 2 次，取平均数，误差不超过 5%，以克表示，保留 1 位小数。

⑨单株产量

随机取 10 株考种，取平均数，以克表示，保留 1 位小数。

⑩小区产量

小区种子重量，以千克表示，保留 1 位小数。

⑪折合每亩产量

根据小区面积，将小区产量折合成每亩产量，以千克/亩表示，保留 1 位小数。

（4）品质性状

①籽粒与麦芽品质

籽粒发芽率（%）、饱满粒（%）和蛋白质含量（%）测定按照 GB/T 7416 的规定执行；β-葡聚糖含量（%）按照 NY/T 2006 的规定执行；赖氨酸含量（%）按照 NY/T 56 的规定执行；麦芽蛋白质含量（%）、淀粉含量（%）、浸出率（%）、糖化力（WK）、α-氨基氮含量（毫克/100 克）和库尔巴哈值（%）测定按照 QB/T 1686 的规定执行。

②青饲/干草品质

饲草水分（%）测定按照 GB/T 6435 的规定执行；蛋白质含量（%）按照 GB/T 6432 的规定执行；可溶性糖（%）按照蒽酮法测定；中性洗涤纤维（%）按照 GB/T 20806 的规定执行；酸性洗涤纤维（%）按照 NY/T 1459 的规定执行；木质素含量（%）按照 GB/T 20805 的规定执行。

（5）抗性性状

①抗寒性

按照表 2-16 分三级记载，注明冻害发生日期和持续的时间。

表 2-16　抗寒性分级及记载标准

级别	记载标准
1	植株受冻后，无明显症状，1～4 天后恢复正常生长
2	植株受冻后，叶尖发黄，5～7 天后恢复生长
3	植株受冻后，叶片发黄，8～10 天后恢复生长

②抗旱性

按照表 2-17 分三级记载，注明干旱出现时期和持续的时间。

表 2-17   抗旱性分级及记载标准

级别	记载标准
1	植株叶片生长正常，无萎蔫现象
2	部分植株叶尖枯黄，叶片略有卷曲现象
3	大部分植株叶片卷缩枯黄

③抗倒伏性

记载每次倒伏发生的时间、面积、程度和倒伏类型及恢复能力，并根据下列各项指标分为强、中、弱三级，进行综合评价。

倒伏面积：发生倒伏面积占小区试验面积的百分比（％），按照表 2-18分四级记载。

表 2-18   倒伏面积分级及记载标准

级别	倒伏比例
0	未倒伏
1	0％～15％
2	15％～45％
3	45％以上

倒伏程度按照表 2-19 四级标准记载级别。

表 2-19   倒伏程度分级及记载标准

级别	倒伏角度
0	未倒伏
1	植株倾斜与地面的夹角大于 45°
2	植株倾斜与地面的夹角为 15°～45°
3	植株倾斜与地面的夹角小于 15°

倒伏类型：分为根倒和茎倒 2 种。

倒伏时间：以月/日表示，同时注明倒伏原因。

倒伏恢复情况：以能、否表示。

④抗病性

按照 NY/T 3060，进行田间调查观察记载条纹病、条锈病、黄矮病、根腐病、赤霉病、白粉病、网斑病等病害植株抗性，分为高抗（HR）、抗（R）、中抗（MR）、感病（S）和高感（HS）5 个等级。

（三）非主要农作物品种登记申请表 大麦（青稞）

大麦品种登记需要在中华人民共和国农业农村部全国一体化在线政务服务平台上进行填报（https：//zwfw.moa.gov.cn/♯/homeList），按照系统要求按顺序进行填报，完成后下载申请表，之后进行盖章申请，具体申请信息见表 2-20。

表 2-20 非主要农作物品种登记申请表 大麦（青稞）

品种名称：		品种来源：		
申请者：				
邮政编码：		地址：		
联系人：		手机号码：		
固定电话：		传真号码：		
电子邮箱：				
育种者：				
邮政编码：		地址：		
联系人：		手机号码：		
固定电话：		传真号码：		
电子邮箱：				
申请日期：				
备注				
注："品种来源"一栏填写品种亲本（或组合），在生产上已大面积推广的地方品种或来源不明确的品种要标明。				
选育方式：□自主选育/□合作选育/□境外引进/□其他				
一、育种过程（包括亲本名称、选育过程、选育方法等）				
二、品种特性				
1. 类型　□粮用　□饲用　□啤用　□青饲/青贮　□粮草兼用　□其他____				
2. 产量（千克/亩）　□籽粒　□鲜草　□干草　□籽粒＋干草				

第1生长周期		比对照±％		对照名称		对照产量	
第2生长周期		比对照±％		对照名称		对照产量	

3. 品质

粮用/饲用	蛋白质		淀粉		赖氨酸		β-葡聚糖	

（续）

啤用	发芽率		饱满粒		蛋白质		麦芽浸出率	
	糖化力	WK	α-氨基氮				库尔巴哈值	
青饲/青贮/干草	水分		蛋白质		可溶性糖		酸性洗涤纤维	
	中性洗涤纤维			木质素			其他	

4. 抗病性

条纹病（全国）		条锈病（青藏）		黄矮病（全国）	
根腐病（东北）		赤霉病（南方）		白粉病（南方）	
其他					

5. 转基因成分	□不含有　　□含有

三、适宜种植区域及季节	

四、特异性、一致性和稳定性主要测试性状

幼苗：生长习性		最低位叶：叶鞘茸毛		低位叶：叶鞘花青甙显色	
旗叶：叶耳花青甙显色		旗叶：叶耳花青甙显色强度		抽穗期	
旗叶：叶鞘蜡质		芒：类型		（仅适用于有芒品种）芒性：芒齿、光芒	
穗：姿态		植株：高度		穗：棱型	
颖果：外稃花青甙显色强度		籽粒：颜色		籽粒：形状	
籽粒：皮裸性		冬春性		籽粒：千粒重		穗：小穗密度	
穗：长度（不包括芒）		仅适用于有芒品种：芒相对于穗的长度		每穗粒数	
其他					

五、栽培技术要点：

六、注意事项（包括品种主要优点、缺陷、风险及防范措施等）：

七、申请者意见：

公　章

年　月　日

八、育种者意见：

公　章

年　月　日

（续）

九、真实性承诺： 　　　（品种名称）　为　（选育单位或者个人）　选育的　（作物名称）　品种，该品种不含有转基因成分。本单位（本人）知悉该品种登记申请材料内容，并保证填报的登记申请材料真实、准确，并承担由此产生的全部法律责任。 　　　　　　　　　　　　　　　　　　　　　　　　　申请者（公章）： 　　　　　　　　　　　　　　　　　　　　　　　　　　　年　月　日

注：①多项选择的，在相应□内划"√"。
　　②申请者、育种者为两家及以上的，必须同时盖章。
　　③育种者不明的，可不填写育种者意见。
　　④申请表统一用 A4 纸打印。

（四）自主开展植物品种 DUS 测试方案和报告（参考模板）

1. 自主开展植物品种特异性、一致性、稳定性测试方案（参考模板）

（1）基本信息

单位名称（个人姓名）：

测试时间：

测试地点：

测试人员及联系方式：

作物种类：

标准品种情况：（根据实际情况填写"无标准品种""标准品种齐全"或"有部分标准品种：具备的标准品种名称"）

（2）品种信息（表 2 - 21）

表 2 - 21　测试品种信息表

序号	测试品种	近似品种	近似品种来源	选择近似品种的理由
1	品种名称	品种名称	填写种子来源	详述选择的理由
...				

（3）试验设计

包括地块选择、小区布局、重复数等信息。

（4）田间管理措施

填写水肥措施、病虫害防治措施、动物危害防护措施等。

（5）育种过程

分品种描述，包括组合、亲本来源、系谱图等。

注：若同时报备不同作物，或不同测试地点测试人员，在方案中分作物、地点、测试人员填写。

2. 自主开展植物品种特异性、一致性、稳定性测试报告（参考模板）

现行非主要农作物品种登记管理办法，暂时没有要求必须由有资质的测试机构出具 DUS 测试报告，按照农业农村部科技发展中心自主测试相关规定，自主测试可以参考表 2 - 22、表 2 - 23 和表 2 - 24 进行自行 DUS 测试并出具报告进行品种登记申请。

表 2 - 22　农业植物品种特异性、一致性、稳定性自行测试报告

申请号		申请人		
品种类型		品种名称		
属或种		测试指南		
测试地点				
生长周期				
材料来源				
近似品种名称				
有差异性状		申请品种代码/描述	近似品种代码/描述	备注
特异性				
一致性				
稳定性				
结论	□特异性□一致性□稳定性（√表示具备，×表示不具备）			
其他说明				
	测试员：　　　　　　日期：		申请人签字（盖章）：　　　　　　　　　　　　　　　年　　月　　日	

表2-23　性状描述表

	测试编号			测试员	
	测试单位				

	性状		测试品种名称	
			代码及描述	数据
1	*幼苗：生长习性			
2	最低位叶：叶鞘茸毛			
3	*低位叶：叶鞘花青甙显色			
4	低位叶：叶鞘花青甙显色强度			
5	*旗叶：叶耳花青甙显色			
6	*旗叶：叶耳花青甙显色强度			
7	（仅适用于叶耳无花青甙显色品种）旗叶：叶耳颜色			
8	*抽穗期			
9	旗叶：叶鞘蜡质			
10	茎秆：节茎花青甙显色			
11	茎秆：节花青甙显色强度			
12	芒：类型			
13	（仅适用于有芒品种）芒：芒齿			
14	*芒：尖端花青甙显色			
15	*芒：尖端花青甙显色强度			
16	植株：抽穗习性			
17	*穗：蜡质			
18	花：开花类型			
19	穗：姿态			
20	*植株：高度			
21	*穗：棱型			
22	穗：形状			
23	*穗：密度			
24	穗：长度（不包括芒）			
25	*（仅适用于有芒品种）芒：相对于穗的长度			
26	穗轴：第一节长度			
27	穗轴：第一节弯曲程度			

（续）

	性状	测试品种名称	
		代码及描述	数据
28	*不育小穗：着生姿态		
29	小穗：护颖（包括芒）相对于籽粒的长度		
30	*穗：小穗轴茸毛类型		
31	*颖果：皮裸性		
32	颖果：外稃花青甙显色强度		
33	*籽粒：腹沟茸毛		
34	籽粒：浆片着生位置		
35	籽粒：糊粉层颜色		
36	籽粒：颜色		
37	籽粒：形状		
38	*冬春性		
39	籽粒：千粒重		
40	旗叶：姿态		
41	芒：落芒性		
42	籽粒：质地		
43	籽粒：β-葡聚糖含量		
44	D-醇溶蛋白组成：Hor-3位点上等位基因表达		
45	C-醇溶蛋白组成：Hor-1位点上等位基因表达		

填表说明：①性状描述表中所填性状应按照测试指南性状编号及其名称顺序填写。②测试指南性状表中所涉及该申请品种的所有性状都应填写。

注："＊"表示标注性状为国际植物新品种保护联盟（UPOV）用于统一品种描述所需要的重要性状，除非受环境条件限制性状的表达状态无法测试，所有 UPOV 成员都应使用这些性状。

表 2-24　性状对比表

	性状	测试品种名称		对照品种名称		差异
		代码及描述	数据	代码及描述	数据	
1	*幼苗：生长习性					
2	最低位叶：叶鞘茸毛					

（续）

性状		测试品种名称		对照品种名称		差异
		代码及描述	数据	代码及描述	数据	
3	*低位叶：叶鞘花青甙显色					
4	低位叶：叶鞘花青甙显色强度					
5	*旗叶：叶耳花青甙显色					
6	*旗叶：叶耳花青甙显色强度					
7	（仅适用于叶耳无花青甙显色品种）旗叶：叶耳颜色					
8	*抽穗期					
9	旗叶：叶鞘蜡质					
10	茎秆：节茎花青甙显色					
11	茎秆：节花青甙显色强度					
12	芒：类型					
13	（仅适用于有芒品种）芒：芒齿					
14	*芒：尖端花青甙显色					
15	*芒：尖端花青甙显色强度					
16	植株：抽穗习性					
17	*穗：蜡质					
18	花：开花类型					
19	穗：姿态					
20	*植株：高度					
21	*穗：棱型					
22	穗：形状					
23	*穗：密度					
24	穗：长度（不包括芒）					
25	*（仅适用于有芒品种）芒：相对于穗的长度					
26	穗轴：第一节长度					
27	穗轴：第一节弯曲程度					
28	*不育小穗：着生姿态					

（续）

	性状	测试品种名称		对照品种名称		差异
		代码及描述	数据	代码及描述	数据	
29	小穗：护颖（包括芒）相对于籽粒的长度					
30	*穗：小穗轴茸毛类型					
31	*颖果：皮裸性					
32	颖果：外稃花青甙显色强度					
33	*籽粒：腹沟茸毛					
34	籽粒：浆片着生位置					
35	籽粒：糊粉层颜色					
36	籽粒：颜色					
37	籽粒：形状					
38	*冬春性					
39	籽粒：千粒重					
40	旗叶：姿态					
41	芒：落芒性					
42	籽粒：质地					
43	籽粒：β-葡聚糖含量					
44	D-醇溶蛋白组成：Hor-3位点上等位基因表达					
45	C-醇溶蛋白组成：Hor-1位点上等位基因表达					

注："*"表示标注性状为国际植物新品种保护联盟（UPOV）用于统一品种描述所需要的重要性状，除非受环境条件限制性状的表达状态无法测试，所有 UPOV 成员都应使用这些性状。

第三章　云南大麦育种科研概况

云南省很早就种植大麦。据唐代《蛮书》记载："从曲靖州已南，滇池已西，土俗唯业水田……水田每年一熟，从八月获稻，至十一月、十二月之交，便于稻田种大麦，三月、四月即熟，收大麦后，还种粳稻"，这段文字清楚记载了云南早在唐代以前就在中高海拔区域进行"大麦、粳稻"连作，历史上种植大麦和粳稻的时间及收获期几乎与现在的耕作情况相近。看来，在唐代以前，云南的先民早就知道中高海拔区域水稻生产存在"两头低温、中间高温不足"这个问题，所以开发利用大麦生育期短的早熟特性和粳稻比籼稻抗寒性强的特性来适应自然，顺天行事，在当时就有这种认知水平是多么了不起。

云南麦类研究始于1912年的云南省农事试验场。1938年，云南省建设厅稻麦改进所专门从事稻、麦品种调查，引种，小麦纯系选种和外引品种风土适应性等简单试验研究。云南省农业科学研究所（1958年，西南农业科学研究所与云南省农业试验站合并，成立云南省农业科学研究所。）在20世纪50年代侧重进行大麦种质资源的收集和整理。云南省农业科学院（1976年，撤销云南省农业科学研究所，成立云南省农业科学院。）从20世纪70年代开始有目的的开展大麦引种鉴定工作，在1989年第1次有大麦品种通过了云南省级审定，之后陆续有一大批有影响力的大麦品种涌现出来，如V43、S500、S-4、82-1、云大麦1号、云大麦2号、云大麦10号、云大麦12号、云大麦14号、保大麦8号、保大麦14号、保啤麦28、凤大麦6号、凤大麦7号、凤0339、云青2号、长黑青稞、玖格等品种，为云南大麦产业发展做出了突出贡献。

在当前云南大麦产业多元化发展的需求背景下，各单位的大麦育种专家在确保啤饲大麦品种持续优化选育的同时，还积极响应不同产业的特定需求，致力于特色与特殊大麦品种的选育工作。例如，为满足青稞酒加工行业的需要，成功选育出淀粉含量高达74%的高淀粉冬青稞品种云青602；同时，针对青贮饲料领域，推出了专用大麦品种云贮麦 1 号和保饲麦 32 号等一系列专用品种。这些努力为云南省大麦的多元化利用提供了坚实支撑，有效推动了大麦产业的升级与发展。

截至 2024 年 7 月，云南省共有国家登记大麦品种 101 个，占全国的 33.01％，是全国登记大麦品种数量最多的省份。云南省拥有育种单位 10 家，是全国从事大麦育种单位数量排名第 2 的省份。其中云南省农业科学院粮食作物研究所和云南省农业科学院生物技术与种质资源研究所均育成 29 个品种，是全国育成大麦品种数量最多的单位。

第一节　云南大麦种植区划

针对云南省大麦种植区划，不同年代和不同的依据有不同的划分，其中主要有以下两种划分方式。

一、根据自然条件、耕作制度划分为 4 个生态区

1983 年，云南省农业科学院主持"大麦生态区划试验"项目，根据云南省栽培大麦生长的自然条件、耕作制度和品种特点，首次将云南栽培大麦划分为 4 个生态区，并于 1990 年以《云南栽培大麦的变种及生态区划》为题将论文发表在《云南农业科技》。现结合《云南栽培大麦的变种及生态区划》的内容，根据目前大麦种植实际，重新进行云南大麦种植区划整理。

1. 滇西北高原春播裸大麦生态区

本区主要包括迪庆藏族自治州海拔 2 800 米以上的地区，冬季气候寒冷，冰封雪冻，年平均气温 5～11℃，平均低温 1.6～6℃，极端低温可达－10～－27℃。霜期长，年霜期 112～148 天，年日照时长 2 000～2 400 小时。农作物一年一熟，大麦为该区主要粮食作物，每年 3—4 月播种，7—9 月成熟，生育期 120～150 天，品种春性。

2. 滇西北冬播中晚熟大麦生态区

主要包括丽江、大理、怒江、迪庆等州市海拔 2 000～2 500 米的地区。本区年均气温 11～15℃，平均低温 2～9℃，年霜期 60～120 天，年降水量 1 000～1 600 毫米，年日照时长 2 000～2 400 小时。大麦品种皮、裸均有，迪庆半山区以裸大麦为主，作食用及饲用，其余地区多为皮大麦，作饲料及酿酒用，品种多中晚熟及晚熟，春性或半冬性，生育期 180～210 天，株高 80～100 厘米，芒状及穗粒色多样。

3. 滇中冬播中熟大麦生态区

主要分布在楚雄、昆明、玉溪、曲靖等州市海拔 1 600～2 000 米的坝区及丘陵地带。本区年均气温 13～17℃，平均低温 8～11℃。年霜期 30～80 天，年日照时长 2 000～2 500 小时，年降水量 800～1 600 毫米，冬、春少雨，土壤水、肥条件一般较好。农作物一年两熟，以多棱皮大麦中熟品种为主，生育期 180 天左右，二棱大麦多春性，早熟，生育期 150 天左右。

4. 滇南、滇西南低热早熟冬播大麦生态区

本区包括文山、普洱、临沧、保山、德宏等州市海拔 550～1 600 米的地区。年均气温 16～20℃，平均低温 12～15℃，霜期短，冬无严寒。年降水量 800～2 100 毫米，年日照时长 1 800～2 700 小时，农作物一年两熟或三熟，品种多春性，生育期 140～150 天。

二、根据气象资料划分为 4 个生态区

2013 年鲁永新、邹萍等人发表在《麦类作物学报》的《云南大麦种植气候生态类型区划与评价》一文，依据云南省 1981—2010 年 125 个县的气象站的平均降水量、积温、气温和日照时数的统计数据，将大麦种植区最终划分为 4 个气候生态区：中北部半干旱种植区、中南部富热湿润种植区、东部半湿润种植区和西北部温暖湿润种植区。

1. 中北部半干旱大麦种植区

本区主要位于滇中及以北的大部分地带，包括德钦、香格里拉、维西、宁蒗、鲁甸、昭通、兰坪、剑川、洱源、丽江、永胜、鹤庆、华坪、永仁、巧家、会泽、东川、宣威、云龙、漾濞、永平、保山、大理、宾川、弥渡、祥云、巍山、大姚、元谋、姚安、牟定、南华、楚雄、富民、武定、禄劝、禄丰、昆明、寻甸、马龙、曲靖、嵩明、沾益、陆良、富源、施甸、昌宁、南涧、双柏、安宁、易门、晋宁、太华山、澄江、玉溪、江川、通海、华宁、宜良、呈贡、师宗、弥勒、泸西，共 63 个县市。

本区的主要特点：高海拔或中高海拔盆地，地形切割深，平均海拔为 1 800～3 600 米，土壤有黄壤、泥沙、水稻土、紫色和暗棕壤等。在此区的北部、东部冬春季冷空气易堆积，大麦生育期间（冬春季），气温低，降水较少、分布不均，霜期长，极易遭受低温侵袭，干旱发生频率高，阴天日数多，日照时长稍偏少；中部、南部大麦生育期间气候干暖，热量、光照、降水量适中，农作物多为一年两熟，局部区域一年一熟，是云南大麦主产区，也是大麦种植

的最适宜区和优先发展种植区。该区现为云南省大麦主产区，种植面积约占云南省大麦种植面积的90％以上。

2. 中南部富热湿润大麦种植区

本区位于云南中部以南地带，包括腾冲、陇川、盈江、瑞丽、镇康、梁河、龙陵、潞西（2010年7月更名为芒市）、凤庆、永德、云县、景东、镇沅、新平、石林、丘北、罗平、峨山、沧源、耿马、西盟、孟连、双江、临沧、景谷、澜沧、勐海、景洪、宁洱、墨江、普洱、元江、勐腊、石屏、建水、红河、江城、绿春、开远、个旧、蒙自、屏边、金平、砚山、文山、马关等46个县市。

本区的主要特点：地形切割深，多为盆地或山丘，平均海拔为800～1 500米，土壤有水稻土、棕壤、红壤、红泥沙、燥红壤等。大麦生育期间（冬春季），气候温暖，热量丰富，光照充足，降水量稍多，降水量分布相对均匀，霜期短。农作物多为一年两熟，局部为多熟。大麦全生育期约为140～160天，生育期内不易受干旱危害，低温冷害发生频率较低。该区目前大麦种植面积不大，仅有少数几个县有种植面积统计。

3. 东部半湿润大麦种植区

本区位于云南东部和西北部的部分地带，是云南粮食、经济作物的主要产区之一，包括绥江、永善、盐津、大关、彝良、镇雄、威信、六库、元阳、河口、西畴、麻栗坡、广南、富宁等14个县市。

本区的主要特点：地形构造多为丘陵、盆地或河谷，海拔高差大，从800～2 000米均有，土壤有紫色、黄壤、红壤、泥沙等。大麦生育期间（冬春季），气候温暖，热量适中，光照条件稍差，降水量适中，霜期差异大，大麦生长发育期易受冷空气侵袭。该区目前几乎无大麦种植，很少有面积统计。

4. 西北部温暖湿润大麦种植区

本区位于云南西北部，冬春季以种植经济作物为主，大麦种植面积较少，包括贡山、福贡2个县市。

本区气候立体性突出，地形差异大，有高山、低谷，海拔相对高差约为4 390米，一年之中有4月和9月两个相对多雨的时段，土壤有高山草甸土、棕色针叶林土、暗棕壤、棕壤、黄棕壤、黄壤、红壤、紫色土、石灰土、水稻土。大麦生育期间（冬春季），热量丰富，降水量充沛，光照条件较差。该区作物熟制为一年一熟、两熟或多熟，以种植粮食、经济作物为主，因春季降水多、晴天日数稍少，仅有部分区域较适宜大麦种植。该区现几乎无大麦种植，很少有面积统计。

第二节　云南大麦种质资源收集与利用

种质资源是推动现代种业创新的物质基础、推进农业高质量发展的"芯片"，是保障国家粮食安全、建设生态文明、维护生物多样性的战略性资源。云南省农作物种质资源保护政策法规体系逐步完善。云南省在 2008 年首次颁布实施的《云南省农作物种子条例》，对种质资源保护中的保存、采集、交流等方面作出了规定。2011 年《云南省人民政府关于加快推进现代农业种业发展的意见》以及 2015 年《云南省人民政府办公厅贯彻落实国务院办公厅关于深化种业体制改革提高创新能力文件的实施意见》对种质资源的保护与管理提出要求，要求建立种质资源保护区和保存库，开展全省农作物、林木种质资源普查，建立健全体系。近几年，云南省农业农村厅先后出台了《云南省农业种质资源保护与利用三年行动实施方案》《云南省农业种质资源保护与利用中长期发展规划（2021—2035 年）》《云南省省级作物种质资源圃（库）管理办法》等相关文件，进一步加大种质资源保护力度。

新中国成立以来，在国家的高度重视、统一部署和具体指导下，云南省先后多次开展了主要农业种质资源系统收集和专项考察搜集工作，经过几代人的努力，初步建立了农业种质资源的分类收集和系统保存体系，一大批珍贵的农作物、畜禽、水产、食用菌等野生资源、地方品种和栽培原种等资源得以收集保存。一代又一代的科学家和有关科研院所研究团队，对云南生物资源、农业生物资源开展了广泛的调查、鉴定和评价，搭建了若干云南生物资源和农业种质资源保护和利用研究平台，并取得显著成效，先后出版了《云南省生物物种名录》《云南植物志》《云南省农作物种质资源志》《云南作物种质资源》等系列专著，积累了大量的生物资源、农业种质资源数据和研究成果，在农业种质资源收集与保护等方面取得显著成效。

农作物种质资源保护利用体系基本形成；以国家级资源圃库为核心、区域作物资源圃库为补充，以省级公益性科研单位为依托、中国科学院和高校等科研单位以及企业为补充，以专业化资源圃库为主体、科研团队和项目组为补充的农作物种质资源迁地保护体系基本形成；异地保存和原位保护相结合的农作物种质资源保存保护体系基本形成；大批珍稀濒危和特有农作物种质资源得以保存。截至目前，云南省保存的各类农作物种质资源超过 10 万份，资源标本6.5 万份，资源保存量、保存种类位居全国各省份前列，为深入开展云南乃至全国的农业种质资源研究、保护、利用提供了科学依据，奠定了坚实的基础。

2022 年 4 月，云南省委办公厅、云南省政府办公厅印发《云南省种业振兴行动实施方案》，明确健全种质资源保护体系，实施种源关键核心技术和育种联合攻关。2022 年 7 月，云南省农业农村厅、云南省发展改革委、云南省科技厅、云南省财政厅等 9 部门印发《云南省支持种业振兴若干政策措施》，明确资源保护、育种创新、基地建设等方面的支持措施，加快推进种业提升工程项目建设。近年来，随着云南省对杂粮育种创新的支持力度不断加大，云南省在种质资源保护和新品种选育方面取得了积极成效。在种质资源收集保护方面，目前，云南省已经完成省内 80％区域的特色杂粮种质资源收集鉴定评价工作，保存大麦种质资源 1 500 多份，建立了种质资源库和数据信息库。

一、云南大麦种质资源收集

云南大麦种质资源主要有地方品种、国内外引进的品种、自育品种等。农作物种质资源是农业科技原始创新与现代种业发展的物质基础，种质资源考察（普查）是收集种质资源最直接的方式，也是打好种业翻身仗的基础。云南大规模的种质资源考察主要有 1957—1974 年、1978—1984 年、2006—2011 年和 2020—2023 年等 4 个考察阶段，其中大范围实地考察收集活动是后三次。

1957 年，西南农业科学研究所主持"西南三省地区小麦品种整理"和"大麦品种观察"工作，正式提出"云南省麦类作物调查整理"计划。1958 年，设于重庆的西南农业科学研究所与云南省农业试验站合并，成立云南省农业科学研究所，以滇中、滇西北纬度较高的昆明、大理、丽江和滇南纬度较低的文山、蒙自为重点，进行麦类作物的调查、收集与整理工作，在 1960 年收集到各类麦类种质资源 720 份，并进行整理鉴定，其中大麦最终归类为 148 份。

20 世纪 50 年代收集的大量地方品种，在"文化大革命"中几乎全部丧失了发芽力。为补救这一损失，1978 年，云南省农业科学院粮食作物研究所麦作室参加了由中国农业科学院品种资源研究所主持的云南麦类品种资源考察与收集工作，先后 3 次分别考察了滇西北怒江傈僳族自治州的福贡县、贡山独龙族怒族自治县，迪庆藏族自治州的中甸县（今香格里拉市）、维西县（今维西傈僳族自治县）、德钦县，滇西大理白族自治州，保山地区（今保山市）的保山县（今隆阳区）、腾冲县（今腾冲市），以及滇西南思茅地区（今普洱市），临沧地区（今临沧市）等 100 余个县，收集到一批麦类地方品种。与此同时，云南省农业科学院发出信函，在云南省广泛进行麦类品种资源的补充征集。考察收集和补充征集的麦类品种资源共 1 103 份，其中大麦品种资源 251 份。针对大麦品种资源，经种植观察整理为 166 份，其中二棱皮大麦 9 份，二棱裸大麦 4 份，均为禄劝彝族苗族自治县仅有；多棱皮大麦 95 份、29 个变种，多棱裸大麦 58 份、22 个变种。同时在复杂的禄劝大麦群体中发现了穗轴易断、籽粒易落的半野生大麦零星单株，经研究属于二棱野生大麦和六棱野生大麦。这些材料中有的综合性状较好，有的穗部特征较特殊，通过研究弄清了特异材料在分类上及实用方面的价值，测定出一批高蛋白质含量（15%～18%）的材料。筛选出一批早熟、丰产、抗病、抗旱、高蛋白质含量、大粒的品种，如白粒八十天、青绿八十天等品种可供生产上直接应用和育种利用。完成了大麦品种资源目录编制，此项工作是"云南麦类品种资源考察与搜集"的一部分。"云南麦类品种资源考察与搜集"于 1982 年获农牧渔业部技术改进奖一等奖，该成果由中国农业科学院品种资源研究所主持申报，云南省农业科学院粮食作物研究所参与。

1983 年开始，云南省农业科学院粮食作物研究所通过主持"云南啤酒大麦种质资源开发利用研究""啤酒大麦研究及开发利用"和"啤酒大麦新品种筛选繁殖"等课题，开展啤酒专用大麦品种资源筛选，从国内外引进了 172 个品种，筛选出 15 份高产优质啤酒大麦材料。

1986 年，云南省农业厅和云南省农业科学院组建的墨西哥考察组从墨西哥国际玉米小麦改良中心（CIMMYT）引入 217 份大麦高代材料。云南省农业科学院粮食作物研究所将引进的种质资源发放至云南省内各州（市）、县农业部门，各单位先后对引进的高代材料进行系统选育鉴定，系统选育了一批通过省、州（市）审定的大麦品种，如 S-4、S500、V43 等，在云南省大面积推广，如大麦新品种 S500 仅在 2003 年就种植了 75.15 万亩，V43 在 2010 年种植面积 90 余万亩。

1988 年，保山市农业科学研究所开始有计划地从国内外引进大麦种质资源。经过筛选与鉴定，部分资源直接被应用于生产实践。同时，该所还对种质材料中表现变异的单株进行了选择，并通过系统育种的方法，成功筛选出了适宜当地种植的新品种。近年来，该所在全面收集啤饲大麦种质资源的基础上，加强了田间观察与抗性鉴定等工作，至今已累计储存了超过 400 份种质资源，为啤饲大麦的育种工作奠定了坚实基础。

临沧市在大麦资源与育种等领域的研究起步较晚，直到 1993 年才着手开展相关工作。由于大麦种质资源相对匮乏，当地科研团队首先对临沧境内的大麦资源进行了全面的调查与收集，并在此基础上建立了种质资源圃。随后，他们对收集到的种质资源进行了种植筛选，对具有潜在价值的种质资源进行了细致的观察记录与数据收集，并最终将这些珍贵的种质资源放入种质资源库，以确保其得到妥善保存。

多年来，临沧市持续有计划地从多种渠道引入大麦种质资源，一部分引进的品种通过筛选鉴定后直接应用于生产，而另一部分则通过与优良亲本杂交，成功创制出优异种质资源，以推动育种工作的开展。通过系统的收集、观察、鉴定过程，临沧市已筛选出大麦种质资源 200 多份，为大麦育种工作奠定了基础。

1998 年，云南省农业科学院品种资源站在云南省栽培大麦分类研究中，鉴定出云南大麦地方品种 1 个属 2 个亚种 320 个变种，占我国 422 个变种总数的 75.8%，云南的大麦变种数远多于西藏。同年，完成《云南省麦类品种资源目录》编写工作，编入《中国大麦品种资源目录》的云南省大麦地方品种共有 408 份，包括六棱裸大麦 124 份，六棱皮大麦 177 份，二棱裸大麦 31 份，二棱皮大麦 76 份，在此基础上出版《云南大麦种质资源》专著。由云南省农业科学院品种资源站和云南省农业科学院粮食作物研究所完成的"云南省大麦品种资源的评价编目及遗传研究"获 1996 年云南省科技进步奖三等奖。

云南省农业科学院粮食作物研究所与国际玉米小麦改良中心（CIMMYT）和国际干旱地区农业研究中心（ICARDA）建立了良好的合作关系，进行高产抗病优质大麦材料引种工作，引进了大量的大麦种质资源进行鉴定和利用。据不完全统计，1995—2003 年引进大麦种质资源 1 864 份，2005—2006 年引进种质资源 2 728 份，从这些种质资源中筛选、鉴定出云大麦 1 号、云大麦 2 号、云大麦 4 号、云大麦 5 号、云大麦 6 号等通过云南省级田间鉴评的啤饲大麦新品种，其中以云大麦 1 号和云大麦 2 号为主要支撑品种的"高产广适系列大麦品种的选育与应用"于 2012 年获云南省科技进步奖二等奖。

2006—2011 年，云南省农业科学院参加由中国农业科学院主持的"云南及周边地区农业生物资源调查"项目，由云南省农业科学院粮食作物研究所负责云南省麦类种质资源的考察与收集，其中大麦方面主要针对的是云南省独有的青稞、大麦地方品种资源。对云南地区收集到的样品进行初步鉴定、评价，并编目入库，共获得大麦（青稞）153 份，其中皮大麦资源 53 份，裸大麦（青稞）100 份。据《云南及周边地区农业生物资源调查》报道，收集的资源中有很多具有优良特性的种质资源，如贡山独龙族怒族自治县的青稞 Kusua 具有保健作用，可用于降血压；鹤庆县的青稞做饲料喂猪，猪长得快；大姚县的波乍青稞酿酒，出酒率高、酒香；等等。

2020—2023 年间，按照农业农村部的统一部署，云南省农业农村厅和云南省农业科学院共同组建领导机构，于 2020 年 4 月启动云南省第 3 次全国农作物种质资源普查与收集行动。2023 年 7 月 11 日，云南省第 3 次全国农作物种质资源普查与收集行动顺利通过农业农村部专家组验收。这次普查行动的开展，摸清了云南省农作物种质资源家底，丰富和保护了我国农作物种质资源的数量和多样性，为提升现代种业创新能力、发展地方特色产业、助力乡村振兴奠定了坚实种质基础。本次普查行动共收集到粮食、经济作物、蔬菜、果树、饲草绿肥等各类种质资源 8 416 份，是任务指标 6 200 份的 1.4 倍，占云南省已进入国家种质库资源总数的 56.3%。据了解，本次农作物种质资源普查与收集行动共收集到大麦种质资源 133 份，其中青稞 27 份。

2020 年 6 月，为贯彻落实《国务院办公厅关于加强农业种质资源保护与利用的意见》（国办发〔2019〕56 号）精神，进一步加强云南省农业种质资源有效保护，结合云南省实际，云南省农业农村厅、云南省发展和改革委员会、云南省科学技术厅、云南省财政厅、云南省自然资源厅、云南省生态环境厅联合制定了《云南省农业种质资源保护与利用中长期发展规划（2021—2035年)》，主要围绕以下 4 方面：①加大种质资源的收集保存；②强化精准鉴定与深度挖掘；③推进种质资源开发与利用；④强化资源对外合作与交流。

二、云南省大麦种质资源鉴定与利用

对种质资源进行精准鉴定是利用的基础，云南省大麦科研工作者针对大麦种质资源在农艺性状、品质、氮磷高效、病虫害抗性等方面进行了田间鉴定，为云南省大麦育种工作者在亲本选择上提供借鉴和依据。

云南省农业科学院农业环境资源研究所针对云南大麦生产种植特点，于2010 年重点对大理白族自治州、昆明市等云南省大麦主产区进行了大麦病害种类及危害现状调查，明确了在本次调查区域田间发生的大麦病害种类，主要有白粉病、条纹病、条锈病、叶锈病、网斑病、黑穗病等；2012 年重点对大理白族自治州（漾濞彝族自治县、洱源县、弥渡县、剑川县、鹤庆县）、昆明市（滇源街道）、保山市（隆阳区）等云南省大麦主产区进行了大麦病害种类及危害现状调查，明确了在本次调查区域田间发生的大麦病害种类，主要有白粉病、条纹病、条锈病、叶锈病、云纹病、斑枯病、网斑病、黑穗病、黄矮病等。田间调查发现：①白粉病、条纹病、斑枯病、网斑病、黑穗病是生产品种上常见的病害种类。白粉病为云南大麦生产种植中绝大多数品种（包括生产品种和后备推广品种）易发并重发的病害种类，田间自然发病率可达 30%～100%。②条纹病为云南大麦生产种植中部分品种（包括生产品种和后备推广品种）易发并重发的另一种病害，田间自然发病率可达 5%～70%。③斑枯病为云南大麦生产种植中部分品种（包括生产品种和后备推广品种）易发并重发的一种病害，田间自然发病率可达 5%～40%。④网斑病、黑穗病为云南大麦生产种植中少数品种（包括生产品种和后备推广品种）易发并重发的病害种类。田间自然发病率为 1%～10%。⑤田间生产品种中条锈病、叶锈病、云纹病、黄矮病并不常见，但在条件适宜的环境中（昆明市滇源街道以及寻甸回族彝族自治县七星镇品种选育试验地），条锈病、叶锈病也是多个品种上可见的病害种类，叶锈病田间自然发病率为 5%～90%，条锈病田间自然发病率为 1%～80%；云纹病、黄矮病在一些品种上也是可见病害种类，田间自然发病率分别为 1%～10%、50%～51%，黄矮病仅在青稞品种上有发现。

2010 年，云南省农业科学院生物技术与种质资源研究所为获得大麦磷高效育种的材料，对 180 个大麦品种进行磷高效的筛选和鉴定研究，结果发现，不同品种间磷利用效率差异很大，中国大麦茎干重和地上干重极显著高于美国大麦（$P=0.000$），裸大麦有效穗数、分蘖数和茎干重均极显著高于皮大麦，多棱大麦分蘖数、茎干重和地上干重极显著高于二棱大麦。磷利用效率用耐低磷力和品种适应性来描述，用籽粒产量计算耐低磷力，云啤 1 号、Z050P004Q 和 YS500 等 3 个品种是供试样品中磷利用效率较高的品种。

2011 年，云南省农业科学院生物技术与种质资源研究所为筛选可用于云南啤酒大麦改良的优良种质材料，对 107 份不同来源的啤酒大麦品种的农艺性状进行鉴定与分类研究，其中云南资源 21 份。结果表明，云南啤酒大麦的主要特点是成熟期长，分蘖较多，植株高，旗叶面积大，穗长、穗粒数、穗粒重、千粒重、秸秆干重中等，穗草比较高；国外引进品种株型中等紧凑，叶片细长，穗粒重和千粒重较大，穗草比适中。从中筛选出 19 份性状优良的材料。通过聚类分析，可将供试材料划分成 4 个性状不同的类群，各类群的农艺性状差异明显，有利于育种目标材料的选择。

2013 年，云南农业大学启动了一项研究，旨在探究云南省大麦功能成分含量的遗传多样性，以促进大麦保健功能的开发和功能性品种改良。该研究涵盖了纳入《中国大麦品种资源目录》的云南省 16 个市州的 236 份大麦种质资源，具体包括多棱大麦 190 份、二棱大麦 46 份；紫粒大麦 69 份、黄粒大麦 167 份；皮大麦 174 份、裸大麦 62 份。通过对这些地方品种的籽粒进行分析，研究团队评估了抗性淀粉、总黄酮、生物碱以及 γ-氨基丁酸等成分的含量差异。结果表明，不同大麦品种及棱型、籽粒颜色、皮裸类型之间 4 种功能成分的变幅和变异系数均较大，表现出明显的基因型差异，抗性淀粉和总黄酮含量在多棱与二棱、紫粒与黄粒类型之间的差异均达到极显著（$P < 0.01$）水平；生物碱含量在多棱与二棱类型之间差异达极显著水平；γ-氨基丁酸含量在皮与裸类型之间差异极显著。236 份地方大麦品种按快速聚类法可聚为 10 大类群，以第 4 和第 8 类群较好，第 1 与第 7 类群间距最大而第 1 与第 10 类群的间距最小。从中筛选出了 15 份性状优良的材料。

2015 年，保山市农业科学研究所对从国内外科研单位引进的和本单位创制的 228 份大麦种质材料的生育期、株高、穗部性状、产量和抗病性等性状进行鉴定，全生育期变幅为 127～169 天，平均为 154 天；株高变幅为 54.5～121 厘米，平均为 88.7 厘米，变异系数 17.9%；穗长变幅为 4.0～10.8 厘米，平均为 7.1 厘米，变异系数为 1.5%；高抗白粉病材料 17 份。

2018 年，云南省农业科学院粮食作物研究所为了解新育成大麦品种籽粒的营养品质状况，采用近红外光谱分析技术对云南省 22 份大麦新品种籽粒的水分、蛋白质、淀粉、粗纤维含量等品质性状进行测定与分析。结果表明，参试大麦新品种籽粒各品质性状的平均值为：水分含量 9.58%，蛋白质含量 13.67%，淀粉含量 4.26%，粗纤维含量 5.28%。参试品种籽粒的蛋白质、粗纤维含量整体较高，水分含量较低，淀粉平均含量与对照 S500 相比差异不显著，低于对照的品种有 15 个。14BL1-86、云大麦 12 号、滇青 1 号及川 12259 等 4 个品种达到饲用大麦一级标准。几乎所有参试品种粗纤维含量过高，是达不到饲用大麦标准的主要影响因素，只有云大麦 12 号、川 12259、滇青 1 号 3 个品种达到饲料大麦的标准。蛋白质含量过高是作啤酒大麦应用的主要问题，22 个参试品种均达不到一级啤酒大麦的质量标准。

2021 年，云南省农业科学院粮食作物研究所以 48 个云南省主栽大麦品种和新选育的优良品系为供试材料，对不同施氮水平下大麦品种的籽粒产量、基本苗数、分蘖数、有效穗数、叶绿素含量、总粒数、空粒数、株高、穗长等性状进行调查并分析。根据籽粒产量，将 48 个供试大麦品种分为 4 类：高产氮高效型、高产氮低效型、低产氮高效型和低产氮低效型。其中高产氮高效型的大麦品种有 20 个，分别为保饲麦 29 号、凤饲麦 3 号、凤 19-13、靖大麦 8 号、云大麦 10 号、云大麦 19YD（二）-8、云大麦 20YD（二）-1、云大麦 20YD（二）-5、云大麦 20YD（二）-9、云大麦 20YD（六）-7、云大麦

5号、云大麦6号、云青604、云饲麦16号、云饲麦406、云饲麦407、云饲麦409、云饲麦410、云饲麦MF19-24和V43。

2022年，保山市农业科学研究所以育成的21个保大麦系列品种为研究对象，采用统计学方法进行系谱分析，根据21个大麦品种的系谱列出祖先亲本，计算每一个育成品种的祖先亲本细胞核遗传贡献值及细胞质遗传贡献值。结果表明：21个保大麦系列品种来源于22个祖先亲本，其中国外亲本12个，占54.5%，国内亲本10个，占45.5%。国外亲本主要来源于墨西哥，占国外亲本的75%；国内亲本主要来源于云南，占国内亲本的70%，YS500、V06和8640为保大麦系列品种的核心亲本。

三、云南省种质资源保存库

云南省在2020年10月启动了省级作物种质资源圃（库）申报工作。2021年，云南省农业农村厅发布了《云南省农业农村厅关于公布第一批省级作物种质资源圃（库）的通告》：根据《中华人民共和国种子法》和《云南省省级作物种质资源圃（库）管理办法》规定，经公开申请、专家评审、现场考察及公示，确定了第1批省级作物种质资源圃17个、省级作物种质资源库9个。其中云南省第1批省级农作物种质资源库名单如下（表3-1）：

表3-1 云南省第1批省级农作物种质资源库名单

序号	种质资源库名称	依托单位
1	云南省省级农作物种质资源库	云南省农业科学院生物技术与种质资源研究所
2	云南省省级农作物种质资源玉溪库	玉溪市农业科学院
3	云南省省级农作物种质资源昭通库	昭通市农业科学院
4	云南省省级农作物种质资源昆明库	昆明市农业科学院
5	云南省省级农作物种质资源红河库	红河哈尼族彝族自治州农业科学院
6	云南省省级水稻昆明种质资源库	云南农业大学
7	云南省省级陆稻勐腊种质资源库	中国科学院西双版纳热带植物园
8	云南省省级农作物种质资源德宏库	德宏傣族景颇族自治州农业技术推广中心（德宏州农业科学研究所）
9	云南省省级农作物种质资源丽江库	丽江市农业科学研究所

简要介绍部分保存有大麦的种质资源库。

云南省农作物种质资源保存库是云南省第1批省级农作物种质资源库，是西南首家作物种质资源库和国家作物种质资源库云南分库，承担科技部国家科技资源共享服务平台项目，为云南以及全国提供资源共享利用服务，为确保国家粮食安全发挥着重要作用。最早在 1990 年，由农业部和云南省共同出资，建成了"西南地区第 1 个"农作物种质资源库，库容面积 12.15 米²、温度−5～0℃；2003 年在云南省财政厅"改善农作物种质资源保存设施条件经费"支持下，投资 35 万元进行改进完善，扩建−10℃冷库 52.5 米²、−5℃冷库20 米²、干燥室 8 米²；2013 年根据云南省农业科学院整体改造搬迁工作要求，建立−10℃临时过渡库 40 米²用于资源整体搬迁贮藏；2015 年云南省农作物种质资源库建设项目申请入云南省农业科学院"十三五"基本建设项目库，同年完成《云南省作物种质资源保存库建设项目可行性研究报告》；2016 年根据云南省农业科学院创新大楼规划位置和面积，完成项目基本设计和实施方案，预算上报省级财政专项系统；2017 年云南省财政厅下达云南省农业科学院部门预算批复资金 250 万元，用于"云南省作物种质资源保存库"建设，在云南省农业科学院创新大楼规划位置开工；2018 年按云南省财政下达资金分两年两期实施招投标和建设，完成工程验收，同时对贮存在过渡库中的部分资源在田间重新进行繁殖更新；2019 年新库启动运行并投入使用，完成过渡库整体资源搬迁，实行新库保存规则和库管系统，对所有资源进行整理、系统录入和入库保存。云南省作物种质资源保存库从 2019 年正式投入使用以来，采取"多维保存设施"和"复份安全保存"的技术集成策略，是国内首家采用手机、电脑多端温（湿）度远程调控技术的种质资源保存库。引进上海基因库先进库管系统，以二维码管理实现种子出入库全程跟踪和库存量动态分析等功能，实现资源复份保存、中长期库资源互为备份，从而达到整体安全保存的效果，为农作物种质资源提供了有力的安全保障，并为新增资源提供了扩展空间。通过不断开展技术创新，云南省农业科学院着力打造具有国际先进水平的作物种质资源保护利用体系。目前，云南省农作物种质资源保存库安全保存了 23 类粮食作物、9 类经济作物、14 类蔬菜等共 15 科 42 属 62 种 4 万余份种质资源，库存量居全国省级库前列。在云南省农作物种质资源保存库收集保存的 4 万余份资源中，66％都是云南特色地方品种。1990 年建库以来，云南省农作物种质资源保存库为云南省内外科研单位提供种质资源 8 200 多份次，库中保存的大麦种质资源有 1 500 多份。

云南省省级农作物种质资源丽江库收集保存了大麦种质资源 50 余份，小麦种质资源 350 余份，同时需要完成国家作物种质资源数据中心观测监测任务，每年完成大麦、小麦种质资源材料观测各 20 份，每份观测材料至少 20 个数据。

云南省省级农作物种质资源昆明库每年可活体保存农作物育种材料 2 000 余份，其中辣椒 300 余份、茄子 100 余份、水稻 500 余份、花卉 100 余份、马铃薯 524 份、藜麦 413 份、荞麦 42 份、玉米 34 份，为相关产业的发展奠定了坚实的基础。

云南省省级作物种质资源玉溪库已在玉溪市农业科学院建成，目前已积累了 3 334 份各类作物种质资源，其中传统粮油作物资源 1 471 份、杂粮类作物资源 1 112 份、花卉资源 440 份、水果资源 247 份、药用植物资源 64 份，筛选出优异资源 341 份。

云南省省级农作物种质资源德宏库新增收集 10 余种农作物种质资源 953 份。目前，种质资源库保存有水稻、玉米、蔬菜（辣椒、豆类、番茄等）、麦类、马铃薯、野生蔬菜、中药材等共计 4 400 余份种质资源。

云南省省级农作物种质资源红河库：截至目前，红河哈尼族彝族自治州 13 个县市收集到种质资源 485 份，完成计划的 107%，其中，粮食作物 174 份、经济作物 26 份、蔬菜 77 份、果树 202 份、牧草绿肥 6 份；地方品种 380 份、野生资源 100 份、选育品种 5 份。配合云南省农业科学院完成一个重点县（红河县）的农作物种质资源系统调查工作，完成资源采集 110 份。

第三节　云南大麦品种更替

大麦作为云南省重要的饲料和酿酒原料，在云南栽培历史悠久，各县（市、区）普遍种植。距今 3 150 年的大理白族自治州剑川县的海门口遗址出土了稻、粟、麦等多种谷物遗存，是云南省发现的最早种植小麦和大麦的证据。862 年，唐朝樊绰通过调查研究、搜集资料并参考前人著作，撰著了《蛮书》（或《云南志》），该书后被收录进《永乐大典》，更名为《云南史记》。在《云南志》第 7 卷"云南管内物产"中，记载了云南地区多熟种植的先进农业生产模式："从曲靖州已（以）南，滇池已（以）西，土俗唯业水田，种麻、豆、黍、稷，不过町疃。水田每年一熟，从八月获稻，至十一月、十二月之交，便于稻田种大麦，三月、四月即熟。收大麦后，还种粳稻。小麦即于冈陵种之，十二月下旬已抽节，如三月，小麦与大麦同时收刈。"《云南志》的记载中描述到收获稻谷后复种大麦，这是中国稻麦复种一年两熟制的最早记载，也是云南大麦种植的早期纪录。同时多种古籍均记载了云南种植大麦的栽培历史，如丽江东巴古籍《大祭风·粮食的来历》记载了纳西先民犁田耙地、撒播庄稼、收粮、晒粮、打场、扬场、寻找酒曲、酿酒的过程，以及锄、粮架、连杆、簸箕、柜子、篾箩、碓、筛、锅、酒曲、甑子、陶罐等用具的来历，记载了大麦在冬天撒播，在夏天的三月里成熟。清朝乾隆八年（1743 年）《丽江府志略》载"四月八日始刈大麦，九月始获稻、稗、麻、豆，播大小麦……大麦造水酒，味甚薄"。纳西族种植的大麦不仅用来酿酒，亦用来酿醋。过去丽江古城周边的农田种植大麦，农民们用粮食换醋，随着城市扩大发展，农田建成房屋，现在酿醋的大麦主要由金沙江沿线一带农民种植采收，大麦的品质会影响醋的质量。

20 世纪 30 年代云南省大麦播种面积曾达到 200 万亩，总产量 1 000 余万千克。30 年代至 60 年代播种面积为 120 万亩。在"以粮为纲"的思想指导下，70 年代末大麦播种面积仅 50 万亩。由于 70 年代在云南省中高海拔区域盲目扩种生育期长的迟熟小春作物，大小春两季作物争节令矛盾突出，结果小春迟收带来大春迟种，大春迟种遇上低温冷害造成作物大幅度减产，加上高喊"小春损失大春补、大春损失小春补"的口号，大小春两季节令矛盾的死结越结越紧。进入 80 年代，云南省委、省政府把解决"大小春两季节令 180 天打架矛盾"纳入议事日程，啤饲大麦的优越性再次被认识到，啤饲大麦再次被开发利用，从此云南又翻开了啤饲大麦发展的历史新篇章。21 世纪之交，云南啤饲大麦播种面积发展到突破 200 万亩，大麦种植面积和单产创历史最高水平。2007 年，云南省啤饲大麦播种面积发展到 250.5 万亩，平均亩产 181.4 千克，比小麦单产普遍高 20％以上。

在云南省，青稞主要分布在云南省西北部的迪庆藏族自治州，迪庆地区海拔高，气候寒冷，无霜期短，粮食作物成熟度有限。大麦具有生育期短、耐寒、抗旱、适应性广等特点，具有有效利用其他作物无法耐受的低温生态条件的能力。因此，大麦成为藏族人民的主食，在藏族人的日常饮食习惯中具有独特的意义，形成了饮食文化和大麦资源利用的依存性。同时，在民俗文化中，大麦也具有丰富的文化内涵。由此可以看出，传统的民族文化是以生物多样性为基础的，两者之间存在着直接的互动。在迪庆藏族自治州约有 56 个地方品种被发现。迪庆藏族自治州的藏族人民在大麦长期生产实践中积累了丰富的种植经验，目前，有大麦地方品种 78 个，其中本地大麦地方品种 54 个，其他藏区引进的地方品种 24 个。在海拔 2 800～3 800 米的地区，种植的所有作物中有 60％～80％是大麦，大麦在整个种植业中占主导地位。迪庆藏区大麦产区种植的大麦，可按海拔分布的不同分为冬大麦和春大麦两大类。冬大麦主要种植在中低海拔地区，即海拔 2 600 米以下的干热谷区，约占大麦总面积的 20％，每公顷平均产量为 1 500～2 250 千克，生育期为 180～210 天。春大麦主要分布在海拔 2 800～3 500 米的农业区，约占大麦总面积的 80％，每公顷平均产量约为 2 250 千克，生育期为 120～150 天。70 年代以前迪庆藏族自治州青稞以当地老品种和刀耕火种、广种薄收的原始粗放生产方式为主，青稞播种面积由 2 万亩发展到 6 万亩左右，亩产由 1951 年的 40 千克提高到 100 千克左右。

1980 年以前云南省种植的大麦均是云南省内各地区的地方品种，品种以六棱大麦、裸大麦、乌大麦、短芒大麦、红芒大麦、象图大麦、纽丝大麦等为主，这些品种秆高、分蘖力弱、产量低，亩平均产量为 50～100 千克。其中曲靖种植业的历史资料是从 1952 年开始统计的，大麦面积约 25 万亩，以六棱大麦、裸大麦、乌大麦、短芒大麦、红芒大麦为主，单产 50～60 千克/亩；大理大麦一直是作为低产的杂粮作物在部分地区零星种植，面积小，大麦生产未能引起重视，主要种植象图大麦、纽丝大麦等地方品种，这些品种秆高、分蘖力弱、感病，加之耕作管理粗放，产量低，亩产为 70～100 千克；昆明大麦栽培品种以昆明市地方品种为主，如红芒大麦、光头大麦；临沧大麦主要在高海拔的高寒山区种植，由于种植面积不大，所以占粮食产量的比重低，以种植裸大麦为主；保山大麦在 1958—1980 年，种植面积从仅 1.68 万亩增加到 3 万亩，主要种植长芒大麦、中芒大麦、米麦、光头大麦等本地品种，平均亩产 34～55 千克。迪庆藏族自治州科技人员大量收集青稞地方品种，对优异的地方种进行提纯复壮，系统选育及示范推广了短白青稞、长黑青稞等品种，通过调整播种期和增施肥料、改进播种方式等措施，迪庆藏族自治州的青稞面积由 6 万亩提高到 8 万亩左右，单产提高到 150 千克/亩。

1980 年开始，云南省逐步开始种植从东部沿海地区引进的或者国外引进的外引品种，云南省农业科学院粮食作物研究所及保山、大理、昆明、曲靖等地的农业科学研究所等单位开始对国外或国内品种进行引种鉴定，从中鉴定出早熟 3 号、苏啤 1 号、品八、泸麦 6 号、盐辐矮早三、浙啤 1 号、莫特 44、韭琦 10、特昆纳、科利培、港啤 1 号、西引 2 号、86 - 40 等品种进行试种和推广，这些品种在云南省占据重要地位。1988 年保山地区农业科学研究所从国内外大量引进啤饲大麦新品种进行鉴定，试验发现，啤饲大麦具有比小麦早熟 15 天以上、比小麦增产 10％以上等优点，于是啤饲大麦种植面积逐渐扩大。保山地区 1989—2000 年种植的大麦品种均为外引品种，主要种植品种为 V24、

V06、86-40、V013、莫特44、科利培等。1983年开始,曲靖市农业科学院从江苏引入专酿啤酒大麦品种苏啤一号、泸麦6号、盐辐矮早三、浙啤一号、莫特44、韭琦10、特昆纳14923、特昆纳15133等品种进行试种和推广。"八五"期间,大理的洱源、弥渡、巍山等县初步建立了啤酒大麦基地,在继续应用啤酒大麦品种苏啤1号、品八的基础上,在全州示范推广啤酒大麦盐麦2号、83-203,鹤庆、剑川等冷凉坝区为解决小春作物小麦生育期长、蚕豆产量低、大小春两季矛盾突出等难题,引进多棱大麦品种V24、V06、西昌(辐)大麦等品种进行示范种植,并屡创高产典型。

1996—2010年,随着墨西哥啤酒大麦高代新品系S500和饲料大麦高代新品系V43引种鉴定和筛选成功,并大面积应用于生产,两个品种在云南省迅速占据重要地位,单个品种年度推广面积都曾超过100万亩,随后云南省大麦主要品种逐步向S500和V43等品种转变,这一变化为云南省作物结构调整,啤酒白酒酿造,畜牧养殖业发展,饲草饲料加工,烟草产业提质增效,实现一、二、三产业融合发展作出了突出贡献,使得云南省大麦产业呈现出蓬勃发展的态势。

1999年以前,昆明市的大麦生产基本为农户自种自收,生产方式以撒播为主,产量低,人工播种和收获,多作饲料和烤白酒及食用,栽种品种以昆明市地方品种为主,如红芒大麦、光头大麦等;偶有外地品种流入,如盐麦2号、港啤1号等。1999年昆明市大麦生产开始进入一个蓬勃发展的阶段,此阶段大量品种进入昆明,尤其是啤酒大麦的种植面积达到了高峰。1999年嵩明县科技局从宁波麦芽厂引进加拿大啤酒大麦品种哈林顿,昆明市农业科学研究所与嵩明县科技局合作开展"优质啤酒大麦的引种试验示范"项目,最高试验单产达到510千克/亩,之后昆明市农业科学研究所从云南省内外乃至国外引进了各类型大麦材料1 000余份,并陆续完善了昆明市啤酒大麦栽培技术和饲料大麦栽培技术,同时这些材料和技术广泛应用于大麦生产,提高了大麦生产水平和农户种植大麦的积极性。2004年昆明市农业科学研究所对"昆明啤酒消费、生产及啤酒大麦种植"做了详尽调研,发现昆明市大麦种植面积有近30万亩,全市有发展10万~20万亩啤酒大麦生产基地的空间。2006年,昆明市大麦种植面积达34万亩,其中啤酒大麦种植面积已达10万亩,同时,"大麦新品种新技术的引进及示范推广"项目获云南省农业厅农业技术推广奖三等奖。由于技术措施得当以及大量引进优质专用品种,啤酒大麦品质优异,吸引了周边麦芽企业前来收购,推动昆明市大麦种植面积提高到了历史最高面积 38.2 万亩（2011 年），啤酒大麦的种植热情空前高涨，面积达 20 万亩（2009 年）。2005 年昆明市农业科学研究所引进甘啤 5 号，2012 年经昆明市粮食作物高产创建和间套种领导小组办公室测产验收，甘啤 5 号最高亩产 560 千克。2012 年，昆明市农业科学研究院"优质啤酒大麦新品种甘啤 5 号选育及示范推广"项目获云南省农业厅农业技术推广奖三等奖。自 2007 年起，干旱的发生日渐频繁，抗旱品种得到重视，代表品种有 V43、S500、甘啤 5 号、云大麦 2 号等。

2000—2010 年期间，随着啤酒酿造业的发展，曲靖市啤酒大麦的市场需求急剧增长，仅云南沾益珠江源啤酒麦芽有限责任公司每年就需求啤酒大麦 13 000～15 000 吨，对原料的需求量增大，大麦播种面积逐年增加。沾益县委、县政府（2016 年撤销沾益县，设立曲靖市沾益区）把啤酒大麦产业确定为该县继烤烟之后的一大支柱产业，沾益县农业技术推广中心与云南沾益珠江源啤酒麦芽有限责任公司签订合同，生产啤酒大麦，带动港啤一号、澳选 3 号等啤酒大麦品种在曲靖市广泛种植和应用，饲料大麦品种 V06 等仍是主推品种。

从 1996 年开始，在啤酒和饲料消费快速增长的带动下，大理白族自治州大麦生产进入快速发展阶段。据大理白族自治州统计局数据，截至 2007 年，大理白族自治州大麦年种植面积约 45 万亩，总产量约 11.26 万吨。据了解，当时的龙头企业云南省大理啤酒（集团）有限责任公司、大理金穗麦芽有限公司、云南澜沧江啤酒企业集团有限公司等企业为生产啤酒麦芽，年收购本地产啤酒大麦约 4.6 万吨，其余用作饲料或白酒酿造原料就地转化利用。"九五"期间，墨西哥啤酒大麦高代新品系 S500 和饲料大麦高代新品系 V43 在大理白族自治州引种鉴定并筛选成功，之后大面积应用于生产，在此期间大麦高产典型不断涌现。这个时期生产上应用的大麦品种以引进品种为主，自然条件差、水肥条件差的地方和田块，适当搭配种植综合性状相对优良、适应性强的地方良种。引进的大麦品种，它们的共同特点是除苏啤 1 号、西昌（辐）大麦高感条锈病、品八中感条锈病兼有黑穗病发生外，其他的品种都比较抗锈、耐肥、抗倒伏，群体产量比地方种高，其中二棱大麦早熟性更好。1997 年弥渡县密祉乡（今密祉镇）举办大麦品种 S500 高产示范，1 400 亩示范田块平均实收产量达 618.2 千克/亩，V43 在大面积生产中一般单产 450 千克/亩，最高单产达 721.6 千克/亩。S500 和 V43 育成至今，作为云南省大麦主导品种，单个品种年度推广面积都曾超过 100 万亩，为大理白族自治州和云南省作物结构调整，啤酒白酒酿造，畜牧养殖业发展，饲草饲料加工，烟草产业提质增效，实现一、二、三产业融合发展做出了突出贡献。"十五""十一五"期间，大理白族自治州大面积种植的品种为 S500、V43、S-4，示范推广品种为凤大麦 6号、云大麦 2 号、澳选 2 号、保大麦 6 号，搭配种植品种为 94dm3、凤大麦 5号。这个时期生产上应用的大麦品种，主要是引进品种与现代育成品种。

迪庆藏族自治州的青稞产业逐渐发展。随着国家对藏族聚居区投入力度的不断加大，迪庆开展了青稞高效栽培技术研究与示范推广，制定发布了《迪庆州无公害青稞生产技术规程》等，通过青稞商品粮基地和青稞良种繁育基地建设等项目的落地，青稞栽培面积迅速增加，特别是冬青稞种植区域迅速扩大，其间青稞单产提高、总产增加，青稞播种面积最高的一年面积达到 12 万亩，青稞单产提高到 195 千克/亩。

"十二五"开始至今，云南省逐渐出现自育品种与外引品种并存的局面，省内云南省农业科学院、保山市农业科学研究所、大理白族自治州农业科学研究所等单位陆续审定、登记、鉴定了一批大麦品种，如云南省农业科学院育成了云大麦 10 号、云大麦 14 号、云大麦 12 号、云饲麦 406、云饲麦 410、云青602、云啤麦 510、云贮麦 1 号等品种；保山市农业科学研究所育成了保大麦 8号、保大麦 6 号、保大麦 13 号、保大麦 12 号等品种；大理白族自治州农业科学研究所育成了凤大麦 7 号、凤大麦 9 号、凤 03-39 等品种；临沧市农业科学研究所育成了临大麦 3 号等品种；曲靖市农业科学研究院育成了靖大麦 1 号等品种。这一系列的品种迅速进入规模化推广阶段，并在生产上大面积应用。

其间随着各地州产业的发展和布局的变化，大麦种植区域和面积也随之发生了变化。由于种植大麦效益比较低，大麦生产布局发生转移，主要表现在大麦种植区域由经济发展较快、交通条件稍好的城郊坝区向偏远山区和半山区转移。

目前，大理白族自治州的大麦种植主要集中在山区和半山区，约占总面积的 70%。随着时间的推移，大麦种植逐渐向山区转移，种植区域也从广泛分布转变为集中在几个重点县。此外，推广种植的品种也更加多样化，包括凤大麦 6 号、凤大麦 7 号、凤 0339、云大麦 2 号、保大麦 8 号和云啤 18 号等。这个时期生产上应用的大麦品种，主要是引进品种与现代育成品种，现代育成品种普遍具有产量潜力大、抗病性强、耐肥的特性，部分二棱大麦品种原麦和啤酒麦芽品质进一步改善。2016 年凤大麦 7 号洱源县海拔 2 130 米稻茬旋耕浅旋耕轻简高效栽培百亩示范，云南省级专家实产验收，加权平均亩产达 627.70 千克，创云南省高海拔稻茬大麦轻简高效栽培高产纪录。同年在鹤庆县开展千亩示范，综合加权平均亩产 608.23 千克，创全国新高。近年来云南省农业科学院粮食作物研究所选育的云大麦 10 号和云大麦 14 号在大理境内大力开展示范推广，表现出适应性广和产量高的特点。

昆明市大麦面积进入回落期，主要种植县区为禄劝、寻甸、石林等县，2014 年大麦种植面积为 31.84 万亩。受到云南省麦芽企业和烤烟萎缩的影响，昆明大麦面积不断减少，2018 年昆明市大麦种植面积下滑至谷底，为 25.715 万亩，其后一直在 30 万亩左右徘徊。种植地区没有灌溉设施，多看天吃饭，品种更新换代快。云南省自育品种得到广泛运用，如云大麦系列、云啤麦系列等。啤酒大麦种植面积减少，饲料大麦种植面积逐步增加，青稞种植面积缓慢增加。传统种植技术没有发生太大变化，但大麦用途得到极大开发，以饲料、食用、烤白酒为主，景观为辅。近几年，由于畜牧业的迅猛发展和旱情的频繁发生，作为优质饲料的大麦重新进入农户视野，大麦种植复苏。这一时期春性、中高秆、耐刈割、无芒、耐旱的大麦品种尤其受到农户欢迎。播种时间不再局限于秋播和春播，出现了早秋麦播种，甚至夏播，从 8 月份至 10 月份均有播种。大麦也不再局限于收获籽粒，大麦草和大麦秸秆同样能获得良好收益，大麦也从散户种植向种植大户和企业种植、从人工种植向机械化种植转变。2023 年的旱情，石林彝族自治县大麦草和大麦秸秆售价达 1.7 元/千克，为降低养殖成本，石林彝族自治县出现了工厂化生产的大麦苗以满足养殖需求。2020—2023 年昆明市农业科学研究院通过对饲草种类及品种进行筛选，总结出青贮玉米-饲料大麦（大麦草）种植模式，该模式主要依托饲料大麦（大麦草）高产种植技术，能有效解决劳动力阶段性缺乏、饲草存储、青干饲料搭配等多种问题。

曲靖市近期以推广应用 V43、云大麦 1 号、云大麦 2 号、靖大麦 1 号、云大麦 10 号、云大麦 14 号、保大麦 8 号等云南省内自育品种为主，大麦种植主要用于饲料、饲草及白酒酿造。大麦总体生产条件恶化，面积下滑，这就要求种植品种抗旱耐寒、广适稳产。

临沧市 2011 年大麦种植面积为 4.25 万亩，之后逐步下降到 2023 年的 2.9 万亩，种植的品种主要为临大麦系列、云大麦系列和保大麦系列等。保山市种植的大麦品种以自主选育品种为主，外引品种为辅，主要种植的大麦品种为保大麦 6 号、保大麦 8 号、保大麦 13 号、云大麦 2 号、云大麦 10 号等。

丽江市从 2003 年开始实施啤饲大麦新品种及配套栽培技术的试验示范推广工作，筛选出适宜丽江种植的品种，主要有 S500、V43、云大麦 1 号、S-4、

云大麦 2 号、凤大麦 6 号、82-1、保啤麦 26 号、云大麦 10 号、云大麦 12
号、云大麦 14 号等高产稳产的大麦品种，摸索出适宜大麦生产的综合配套栽
培技术，在丽江市示范推广应用，取得了较好的效益。大麦种植面积稳中有升，
2003 年种植面积为 3 万余亩，到 2016 年增加到 10.7 万亩，2023 年增加到
14.8 万亩。大麦单产也明显增加，从 2008 年的 200 千克/亩，提升到 2023 年的
226.4 千克/亩。总产在 3.34 万吨左右，占丽江市夏收粮食总产（10.75 万吨）
的 31.07%。从种植模式来看，从过去的玉米-蚕豆-大麦间套种逐渐转变为烟
后、水稻后啤饲大麦及经济林果下套种啤饲大麦，特别是以玉龙纳西族自治县
为主的金沙江河谷优质烟叶生产区，通过多年努力也逐步成为云南省大麦的高
产示范区，有效解决了烤烟前作和大小春作物的茬口矛盾，促进了畜牧业的
发展。

　　表 3-2 至表 3-8 为云南省及部分州市的大麦生产情况。

表 3-2　云南省 2011—2020 年大麦生产情况

年份（年）	大麦（青稞）			啤酒大麦			饲料大麦			青稞		
	面积（万亩）	产量（万吨）	亩产（千克）	面积（万亩）	产量（万吨）	亩产（千克）	面积（万亩）	产量（万吨）	亩产（千克）	面积（万亩）	产量（万吨）	亩产（千克）
2011	334.5	81.9	244.8	150.9	37.73	250.0	163.6	39.75	243.0	20.0	4.40	220.0
2012	356.4	78.5	220.3	163.2	35.09	215.0	168.2	37.17	221.0	25.0	6.25	250.0
2013	365.4	77.6	212.4	171.1	36.27	212.0	176.3	36.85	209.0	18.0	4.50	250.0
2014	370.0	86.8	234.6	173.0	40.66	235.0	177.0	40.71	230.0	20.0	5.40	270.0
2015	380.0	89.9	236.6	175.1	41.50	237.0	183.8	42.83	233.0	21.1	5.59	264.9
2016	382.8	91.8	239.8	175.4	42.27	241.0	187.3	44.39	237.0	20.1	5.15	256.2
2017	386.1	93.5	242.2	180.1	43.76	243.0	185.9	44.62	240.0	20.1	5.13	255.2
2018	388.0	94.2	242.8	179.0	43.68	244.0	188.8	45.31	240.0	20.2	5.17	255.9
2019	343.1	82.1	239.3	144.98	34.93	240.9	182.5	43.25	237.0	15.6	3.93	251.9
2020	316.8	72.9	230.1	135.37	31.19	230.4	163.8	38.02	232.1	17.62	3.66	207.7

表 3-3　大理白族自治州 12 县市 2019—2023 年大麦种植面积情况

单位：万亩

年份（年）	大理市	漾濞县	祥云县	宾川县	弥渡县	南涧县	巍山县	永平县	云龙县	洱源县	剑川县	鹤庆县	合计
2019	1.65	0.47	4.36	0.91	5.29	3.74	4.50	6.00	2.72	4.14	2.73	6.21	42.72

（续）

年份 （年）	大理市	漾濞县	祥云县	宾川县	弥渡县	南涧县	巍山县	永平县	云龙县	洱源县	剑川县	鹤庆县	合计
2020	1.37	0.49	4.32	0.99	5.37	3.78	4.90	6.92	3.00	3.60	2.67	6.26	43.67
2021	1.02	0.50	4.05	0.87	4.69	3.93	5.28	7.24	3.75	3.60	2.42	6.35	43.70
2022	0.94	0.51	4.07	0.98	4.79	4.03	5.53	7.35	4.00	3.94	2.40	6.62	45.16
2023	0.92	0.77	4.05	1.00	4.68	3.82	5.60	7.35	5.72	4.04	2.37	6.63	46.95

表 3-4　曲靖市 9 县市 2019—2023 年大麦年种植情况

面积单位：万亩；产量单位：万吨

年份 （年）	面积/ 产量	麒麟区	沾益区	马龙区	陆良县	师宗县	罗平县	富源县	会泽县	宣威市	合计
2019	面积	7.44	8.04	4.74	1.99	4.16	0.63	2.3	1.64	12.44	43.38
	产量	1.76	1.35	0.47	0.38	0.71	0.16	0.23	0.22	1.39	6.67
2020	面积	8.66	8.04	4.68	1.97	7.2	0.63	2.24	1.2	11.88	46.50
	产量	2.16	1.38	0.47	0.36	1.25	0.16	0.23	0.17	1.42	7.6
2021	面积	8.26	8.07	2.66	1.85	7.41	0.67	2.08	0.53	11.7	43.23
	产量	1.89	1.21	0.29	0.35	1.22	0.17	0.21	0.11	1.42	6.87
2022	面积	8.26	8.08	2.67	1.95	8.74	0.67	1.92	0.53	11.73	44.55
	产量	1.91	1.31	0.29	0.34	1.44	0.17	0.19	0.13	1.42	7.20
2023	面积	7.14	7.85	2.67	1.92	8.74	0.67	1.83	0.42	11.44	42.68
	产量	1.62	1.27	0.29	0.33	1.45	0.16	0.17	0.06	1.41	6.76

表 3-5　保山市大麦种植面积情况和单产情况

年份（年）	面积（万亩）	亩产（千克）	年份（年）	面积（万亩）	亩产（千克）
1958	1.68	34	2000	17.20	175.34
1985	3.72	54.5	2001	18.50	176.54
1994	4.64	168.2	2002	21.45	188.9
1995	7.28	166	2003	25.29	184.5
1996	9.36	170.8	2004	27.29	189.5
1997	13.26	167.5	2005	30.76	201.8
1998	15.8	170	2006	32.95	205.9
1999	21	170	2007	34.75	202.8

（续）

年份（年）	面积（万亩）	亩产（千克）	年份（年）	面积（万亩）	亩产（千克）
2008	35.91	212.5	2016	51.2	247
2009	38.32	212.8	2017	50.4	250
2010	41.67	157.4	2018	49.13	253.7
2011	42.176	213.6	2019	48.42	256.02
2012	46.13	221	2020	48.35	256.6
2013	48.88	218	2021	48.42	257.83
2014	51.12	229	2022	45.64	253.15
2015	51.49	238.8	2023	45.34	243.73

表 3-6　2016—2023 年昆明市大麦种植面积和产量

年份（年）	大麦		其中：青稞	
	面积（万亩）	总产量（万吨）	面积（万亩）	总产量（万吨）
2016	34.46	5.31	1.23	0.068
2017	35.62	5.02	1.26	0.072
2018	25.72	3.68	1.07	0.052
2019	30.35	4.24	1.27	0.077
2020	30.85	4.27	—	—
2021	29.97	4.08	1.68	0.201
2022	32.11	4.28	—	—
2023	31.88	4.37	—	—

表 3-7　2005—2023 年临沧市大麦种植面积和产量

年份（年）	面积（万亩）	亩产（千克）	总产量（万吨）
2005	2.13	115	0.24
2006	2.43	135	0.33
2007	3.98	119	0.47
2008	3.22	119	0.38
2009	3.57	114	0.41
2010	3.45	75	0.26
2011	4.25	116	0.49

（续）

年份（年）	面积（万亩）	亩产（千克）	总产量（万吨）
2012	4.75	124	0.59
2014	5.62	119	0.67
2019	3.2	—	—
2023	2.9	116	0.34

表 3-8　丽江市及下辖主要县市 2020—2023 年大麦种植面积

单位：万亩

年份（年）	丽江市	古城区	玉龙县	永胜县	宁蒗县
2020	11.43	1.60	7.14	1.57	1.10
2021	12.11	1.40	8.00	1.60	1.10
2022	12.79	1.37	8.71	1.60	1.10
2023	14.38	1.94	9.6	1.60	1.15

第四节　云南大麦育种进展

据中国工程院院士张新友报道，中国种业发展目前可以分为四个阶段，1.0 时代是农家育种，2.0 时代是杂交育种，3.0 时代是分子育种，4.0 时代是"生物技术＋信息技术＋人工智能＋大数据应用"育种。进入育种 4.0 时代，将实现转基因与全基因组选择、基因组编辑、合成生物学技术、信息技术、人工智能技术的有机融合，同时衍生出大幅提高育种效率的各种新技术、新方法。

云南省品种选育历程可以分为本地品种直接应用、外引品种筛选利用、外引品种变异株系或外引高代材料系统选育、杂交育种、分子育种等几个阶段。经过多年发展，云南大麦种业科技水平稳步提升，种业创新取得一系列重要进展。从育种技术看，云南大麦育种尚处于以杂交选育和分子技术辅助选育为主的 2.0 到 3.0 阶段。

引种是经简单的试验证明适合当地栽培后，直接将省外或国外的品种（系）引入并在生产上推广应用。云南省陆续从我国江苏、浙江和国外引进不同特性的大麦品种早熟 3 号、苏啤 1 号等在云南广泛种植。系统选择育种是利用现有品种在繁殖过程中产生变异或与原来性状表现出显著区别的单株，经过选择鉴定而成为新的品种。大麦育种中，系统选择育种是最基本、简易而有效的育种途径。大麦是自花授粉作物，其异交率低，当生长环境条件发生变化或受其他因素影响时，会发生变异。特别是在适应本地区环境的综合表现良好的品种及一些地方品种中，隐藏着许多有利的变异，这种自然变异，在育种上有很高的利用价值。杂交育种是通过人工杂交的方法，把分散在不同亲本上的优良性状组合到杂种中。杂交育种是一个长期、系统的育种过程，杂交、选择、鉴定是其关键环节，然而要想达到具体的育种目的，还必须拟定育种计划，包括育种目标、亲本选配、后代处理等。

常规育种中，对杂种后代的选育用得较多的方法主要是"系谱法"，即对不同性状进行逐代选择，如成熟期、株高、抗病性等遗传力较高的性状在 F_2 代就可以选择；穗型、籽粒外观等，在 F_3 代即可选择淘汰；籽粒品质性状的选择，在试验条件允许的情况下可在早代进行测定筛选淘汰。这样就可以降低工作量，加快新品系选育进程，同时在一个新品系进入生产和鉴定前对品质性状进行测定，可以避免时间和精力的浪费。大麦杂交育种应该根据市场的需求，对不同用途的大麦制定不同的育种目标，并且要紧密关注市场动态，适时对育种目标做出调整。

经过多年发展，云南省成为全国大麦品种数量最多的省份，形成了以云南省农业科学院粮食作物研究所、云南省农业科学院生物技术与种质资源研究所、保山市农业科学研究院和大理白族自治州农业科学推广研究院四家单位为优势单位，临沧市农业技术推广站、曲靖市农业科学院、丽江市农业科学研究所等单位为辅助单位的大麦育种新格局。

一、云南省大麦育种及品种审定（登记、鉴定等）进展

1. 1970 年以前

1970 年以前，云南编入《中国大麦品种资源目录》的地方品种有 408 份之多，但因全省大麦种植面积较小、分布较为分散、省内研究力量较单薄等原因，一直没有自育品种用于生产。各地无论是用于提高复种增加产量，或是用于饲料粮食生产各方面，仍主要依靠和种植地方品种。各地种植的主要品种为六棱大麦、裸大麦、乌大麦、短芒大麦、红芒大麦、象图大麦、纽丝大麦等。

2. 1970—1989 年

自 1970 年起，云南省大麦科研工作者开始从江苏、浙江等省外的单位和

CIMMYT 等国外单位引进成熟的品种进行适应性鉴定，筛选出适合在云南省种植的大麦品种进行审定或推广。云南省农业科学院联合大理、保山等地的农业科学研究所，针对云南省啤酒工业迅速发展导致的大麦原料供应不足、供需矛盾加剧，以及土地资源利用和提升复种指数的需求，着手开展了大麦品种的引种和鉴定工作。在这一过程中，早熟 3 号和苏啤 1 号两个品种率先通过了云南省级品种审定，成为云南省首批获得省级审定的两个大麦品种。

1983 年云南省农业科学院粮食作物研究所根据大麦在啤酒酿酒业和饲料工业的应用前景，通过主持"啤酒大麦研究及其开发利用""云南啤酒大麦种质资源的开发利用研究"和"啤酒大麦新品种筛选繁殖示范"等项目，率先开展了啤酒专用型大麦品种资源筛选和引种鉴定等研究。通过项目的研究，先后从国内外引进了 172 个品种，筛选出 15 个高产、优质的啤酒大麦材料，并开始组织云南省大麦品种区域试验，进行啤酒大麦品种在云南不同地州的适应性研究。云南省大麦品种区域试验在昆明市、玉溪市、嵩明县、大理白族自治州、保山市、丽江市等地设置了 6 个试点，参试品种为近年在云南推广的来源于国内外的饲料大麦和啤酒大麦，分别为 Tequila（特昆纳、墨西哥）、Mytl44（莫特 44、美国）、Clipper（科利培、澳大利亚）、Betzes（美国）、80192（江苏）、早熟 3 号（浙江），其中苏啤 1 号、韮崎 10 号、沪麦 6 号三个品种通过云南省内专家鉴定，成为当时生产上较好的良种。专用啤酒大麦的引进筛选及利用推广，为云南省啤酒企业的发展提供了有力的技术支撑。

1986 年随着大理啤酒厂破土动工，大理白族自治州农业科技工作者开始承担大理白族自治州科学技术委员会下达的"大麦良种引种筛选及利用"研究课题，开启了啤酒大麦的筛选鉴定与利用等相关研究工作。"七五"期间与云南省农业科学院合作，开始引入外地品种苏啤 1 号、品八等进行鉴定，亩产量为 300～400 千克，高的达 500 千克。"品八"通过了大理白族自治州级审定，大麦新品种引种鉴定试验示范初见成效。1990 年全州大麦种植面积扩大到 5.0 万亩左右。

其间主要品种简介如下（信息来源：1988 年云南省农业科学院粮食作物研究所啤酒大麦研究组相关资料）。

（1）早熟 3 号。1974 年云南省农业科学院粮食作物研究所从浙江引入。1989 年通过云南省品种审定（编号：滇引大麦 1 号），为春性早熟二棱大麦，长芒、白壳、白粒，籽粒均匀、发芽势强，低蛋白、高淀粉，适于啤酒酿造，耐寒耐瘠，抗病性好，适合在云南省海拔 1 600～2 100 米的地区种植，一般亩产 300 千克。

（2）苏啤 1 号。1983 年云南省农业科学院粮食作物研究所从江苏引入。是江苏省沿海地区农业科学研究所以早熟 3 号作母本，丹麦 795 Siri pojberg 为父本，杂交选育而成的。经云南省农业科学院粮食作物研究所、云南农业大学、大理白族自治州农业科学研究所和曲靖地区农业科学研究所等单位联合筛选，1990 年 2 月通过云南省审定（编号：滇引大麦 2 号），其为二棱皮大麦，弱春性，适合在海拔 900～2 000 米的地区种植，1989 年获云南省农业科学院科技成果奖三等奖。

（3）品八。1986 年云南省农业科学院从江苏省沿海地区农业科学研究所引进。“七五”期间大理白族自治州引进种植，1995 年通过大理白族自治州州级审定。

（4）Tequila（特昆纳）。来源于墨西哥。1984 年云南省农业科学院粮食作物研究所在昆明进行鉴定，其为春性、多棱皮大麦，幼苗直立，株高 85 厘米，穗长 5 厘米。1994 年 4 月，曲靖农作物品种审定小组审定通过大麦品种“特昆纳”。

3. 1990—2006 年

1990 年云南省农业科学院粮食作物研究所派遣专家协助保山地区农业科学研究所开展大麦品种筛选与鉴定等研究工作，从云南省农业科学院粮食作物研究所引进的大麦品系中，筛选并鉴定出了 V06 和 V24 两个饲用型大麦品种，V06 于 1998 年通过云南省审定，V24 于 2001 年通过云南省审定，V06 和 V24 两个大麦品种分别是云南省审定的第 3 个和第 4 个大麦品种。与早熟 3 号和苏啤 1 号这两个品种不同，V06 和 V24 是基于从国际玉米小麦改良中心引进的材料进行鉴定而成的。保山地区农业科学研究所引进了 86‐40、科利培、莫特 44、V013 等大麦品种进行鉴定和利用，86‐40、科利培、莫特 44 在 1993 年通过保山地区农作物品种审定小组审定，V013 在 2000 年通过保山地区农作物品种审定小组审定。

临沧市不是大麦种植的主产区，历史上虽然有大麦种植，在高海拔的高寒山区主要是种植青稞，但由于种植面积不大，所占粮食产量比重低，长期以来农业部门没有开展专题研究。直到 1993 年冬，临沧地区农业科学研究所才开始引进啤大麦品种，在试验基地开展品种引进筛选试验，同时安排人员到云县开展啤大麦高产示范及高产攻关，开启了临沧大麦品种选育、引进、试验、示范、推广的历程。但由于大麦单产低，平均单产不到 100 千克/亩，大麦生产没有得到巩固和发展。

在"八五"和"九五"计划期间,大理白族自治州成功引种并鉴定筛选了墨西哥啤酒大麦高代新品系 S500 和饲料大麦高代新品系 V43,这两个品种在云南省迅速占据了举足轻重的地位。它们不仅在云南省的年度推广面积上均曾超过 100 万亩,而且至今仍是云南省大麦产业的主导品种。S500 和 V43 对云南省作物结构的调整、啤酒与白酒酿造业的发展、畜牧养殖业的壮大、饲草饲料加工的优化以及烟草产业的提质增效起到了标志性的作用,推动了云南省一、二、三产业的融合发展,云南省的大麦生产因此呈现出蓬勃发展的态势。云南省农业厅和云南省农业科学院组建的赴墨西哥考察组于 1986 年从国际玉米小麦改良中心引入了 217 份大麦高代材料,V43 和 S500 这两个优良大麦新品种均是从这 217 份材料中筛选并鉴定出的。大理白族自治州农业科学推广研究所还育成了多棱大麦品种 94dm3 和凤大麦 5 号,其中 94dm3 于 1997 年通过大理白族自治州品种审定。

1996—1998 年云南省农业科学院粮食作物研究所主持了"优良大麦系列品种及配套栽培技术推广"项目,同时承担了由扬州大学主持的国家大麦区试长江片昆明点的任务,从而为云南省引进了一批省外的大麦品种,如盐麦 2 号、沪麦 16、单 95168 等,丰富了云南的大麦资源。

2000 年前迪庆藏族自治州种植的青稞主要为地方品种。据报道,截至 2000 年,迪庆藏族自治州共有 78 个青稞地方品种,其中本地青稞品种 54 个,主要有短芒黑青稞、中甸长黑青稞、尼西 80 天青稞、短白青稞、维西白青稞、黄青稞、德钦红青稞,以及外引种康青 3 号、小金羊毛青稞等,是长期以来生产主要用种。这些品种的产量低,春青稞的平均产量在 100 千克/亩,冬青稞的平均产量在 150 千克/亩。2003 年迪庆州农业科学研究所选育的青稞品种"长黑青稞"通过云南省品种登记,之后迅速成为迪庆藏族自治州青稞主导品种之一。

其间引进和选育的主要品种简介如下。

(1) 科利培原名 Clipper,原产于澳大利亚,1985 年引入云南试种,中熟高产,生育期 160～170 天,亩产 340.1～456.3 千克,穗型小,品质好,抗寒抗病,分蘖力特强,但抗旱性差。

(2) 莫特 44 原名 Mytl44,原产于美国,于 1989 年引进,弱春性,幼苗直立,分蘖中等,生育期 155 天左右,株高 100～110 厘米,穗长 5.5～6.5 厘米,穗粒数 40～50 粒,长芒、长粒、黄色,千粒重 40～44 克,抗寒耐旱性好，抗锈病、白粉病。

（3）V24 是由云南省农业科学院粮食作物研究所从国际玉米小麦改良中心引进、保山地区农业科学研究所筛选选育的品种，2001 年通过云南省品种审定（审定编号：滇引大麦 4 号）。属弱春性多棱皮大麦，幼苗直立，分蘖力好。生育期 155 天。株高 90 厘米，穗长 4.4～5.5 厘米，穗粒数 40～50 粒，千粒重 37～39 克。抗寒耐旱性好，耐湿性、耐肥性和抗倒伏性中等。

（4）V06 是由云南省农业科学院粮食作物研究所从国际玉米小麦改良中心引进、保山地区农业科学研究所筛选选育的品种，1998 年通过云南省级品种审定（审定编号：滇引大麦 3 号）。属春性多棱皮大麦，幼苗直立，分蘖力好。生育期 155 天，早熟。株高 95 厘米，穗长 4.4～6.5 厘米，穗粒数 40 粒，千粒重 36～40 克。抗锈病，轻感白粉病。

（5）S500 是由云南省农业科学院粮食作物研究所从国际玉米小麦改良中心引进、弥渡县种子管理站和弥渡县良种场于 1995 年筛选育成的品种，现名"矮思 500"，其组合代号为"ARVPO♯S"。1987 年弥渡县开展第 1 次引种观察鉴定试验，平均亩产 666.5 千克，曾是"十五"和"十一五"期间云南省种植面积最大的啤酒大麦品种。2002 年通过云南省登记，登记编号：DS022—2002。

（6）V43 是由云南省农业科学院粮食作物研究所从国际玉米小麦改良中心引进、1991 年由大理白族自治州农业科学推广研究所从云南省农业科学院引入的品种。1992 年参加大理白族自治州品种比较试验，单产达 493 千克/亩，位列所有参试品种第 1。1996—1998 年参加大理白族自治州大麦品种区域试验，两年试验所有试点该品种产量均名列第 1。丰产稳产性突出，适应性广，生育期适中。抗逆性强，抗倒伏，耐肥，抗锈病。1999 年通过大理白族自治州级品种审定，2003 年通过了云南省登记，登记编号 DD001—2003，是当年通过云南省登记的唯一一个皮大麦品种。V43 曾入选 2015 和 2016 年云南省大麦主导品种。

（7）长黑青稞又名中甸黑青稞，藏名"耐那"，为香格里拉县（今香格里拉市）高原藏族地区农家品种，由迪庆州农业科学研究所选育。2003 年通过云南省品种登记，登记编号：DD002—2003。株高 110 厘米，穗长 8 厘米，紫穗，每穗结实 45～55 粒，千粒重 35～40 克，春性。3 月下旬或 4 月上旬播种，9 月中旬或下旬成熟，生育期 150～160 天。

4. 2007—2011 年

从 2007 年开始，云南省种子管理站停止了非主要农作物品种审定、登记工作，直至 2012 年云南省重新恢复大麦新品种登记。在此期间，云南省各育种单位主要是根据云南省农业科学院粮食作物研究所组织实施的"云南省大麦良种区域试验"结果或者自行组织的多点鉴定试验结果，组织云南省级专家进行田间鉴评，其间各单位选育鉴评的品种，分别在 2012 年和 2013 年重新进行了云南省级补登记。

在 2004 年，由云南省农业厅科技教育处主持，保山、大理、临沧和曲靖等州（市）的农业科学研究所成立了"云南省高产优质大麦新品种选育及示范推广"项目协作组，每年项目经费 60 万元。2011 年协作组成员单位逐步扩大优化为保山、曲靖、临沧、楚雄、丽江和德宏六州（市）的农业科学研究所（院），协作组在工作中采用强强联合、优势互补、信息共享的协作办法。到 2016 年协作组取消为止，这期间累计育成大麦品种 12 个，研究集成栽培技术 3 项，为云南省大麦育种与推广做出了突出贡献。

弥渡县种子管理站通过引种鉴定与筛选，于 2004 年育成二棱大麦品种 S-4，该品种于 2012 年通过云南省品种登记（编号：云登记大麦 2012017号），2020 年通过农业农村部非主要农作物品种登记〔编号：GPD 大麦（青稞）（2020）530025〕。由于该品种表现良好，适宜在海拔 600～2 200 米的中高肥力区种植，近年来一直在云南省各地示范推广，2012 年云南省推广种植"S-4"品种大麦达 20 万亩。

2006 年，云南省农业科学院粮食作物研究所主持云南省科技攻关项目"优质专用高产多抗麦类新品种选育及配套技术研究示范"，开始了优质啤酒大麦、饲料大麦和青稞新品种的筛选及配套技术研究示范，通过项目的实施，选育出了云大麦 1 号、云啤 3 号、云啤 4 号、云青 1 号、云青 2 号等 5 个品种并通过省级专家鉴评。此后云南省农业科学院粮食作物研究所一直是云南省麦类攻关和重大专项的组织和主持单位，积累了丰富的育种材料和技术，形成了一支多学科、多层次、多单位（不同生态点）紧密合作的科研团队。

2007 年，云南省重新启动云南省大麦区域试验，由云南省种子管理站（品种审定委员会办公室）主持和管理，由云南省农业科学院粮食作物研究所具体组织实施和进行数据整理。下发了《云南省大麦（啤酒、饲料）良种区域试验 2007—2008 年度方案》，试点承担单位为云南省农业科学院粮食作物研究所、大理白族自治州农业科学推广研究所、保山市农业技术推广中心、曲靖市农业技术推广中心、楚雄彝族自治州农业科学研究推广所、临沧市农业技术推广中心等 6 家单位。参加第 1 届云南省大麦良种区域试验的品种主要有：云大麦 2 号、云啤 5 号、云啤 6 号、JB98-225、JB05-13、保大麦 12 号、凤大麦 6 号、07YD-8、甘早 5 号、S500（对照品种）。云南省从开始大麦杂交育种工作，逐步向选育具有自主知识产权的品种过渡。

2008 年，农业部成立了国家大麦（青稞）产业技术体系，在云南省设置了昆明试验站、保山试验站、大理试验站等 3 个试验站。经过 15 年的发展，现阶段云南设有秋播啤酒大麦育种岗位 1 个，综合试验站 3 个。

2009 年，大理白族自治州农业科学推广研究所采用系统选育方法育成的二棱大麦品种凤大麦 6 号，于 2012 年通过云南省品种登记（编号：滇登记大麦 2012019 号）。该品种曾入选 2017 年云南省大麦主导品种，2020 年通过农业农村部非主要农作物品种登记［编号：GPD 大麦（青稞）（2020）530005］。

2010 年 11 月 30 日，云南省农业厅举行了《云南省非主要农作物品种登记办法》听证会，听证会由云南省农业厅副厅长汤克仁主持，讨论了《云南省非主要农作物品种登记办法》。2011 年，云南省农业厅印发 2011 年第 3 号公告，即《云南省非主要农作物品种登记办法》，结合云南省大麦新品种选育及其产业发展实际，制定了云南省大麦新品种推荐申报登记标准。

自 2011 年起，由云南省农业科学院粮食作物研究所具体实施的"云南省啤饲大麦良种区域试验"按照用途分为"云南省饲料大麦品种区域试验"和"云南省啤酒大麦品种区域试验"等两组试验，由云南省种子管理站负责组织和管理，分别由云南省农业科学院粮食作物研究所和云南省农业科学院生物技术与种质资源研究所具体执行。其中由云南省农业科学院粮食作物研究所主持的"2011—2012 年度云南省饲料大麦区域试验"结果为：所有参试品系的平均产量为 365.7 千克/亩，参试品系中有 7 个品系的产量超过平均产量，推荐云饲麦 3 号、云饲麦 1 号、凤 03-39、云饲麦 2 号、临大麦 3 号、09-J20、11YD-9 等 7 个品系申请云南省非主要农作物品种登记，其余 6 个品系不作推荐。由云南省农业科学院生物技术与种质资源研究所主持的"云南省啤酒大麦品种区域试验（2011—2012 年度）"结果为：所有参试品系的平均产量为 358.4 千克/亩，其中云啤 11 号、云啤 10 号、云啤 9 号、昆啤 2 号、ZYK10-31 和 S-4 等 6 个品系的产量高于平均产量。

其间育成的主要品种介绍如下。

（1）云人麦 1 号：原品系代号 04YD-6 或楚引大-13，2008 年 4 月通过云南省级田间鉴评，2013 年通过云南省品种登记（登记编号：滇登记大麦 2013014 号），入选 2014 年云南省主导品种。由云南省农业科学院粮食作物研究所和楚雄彝族自治州农业科学研究推广所从 2002 年的国际玉米小麦改良中心第 30 届国际大麦观察圃（30th IBOB）中通过系统选育法选育。该品种属饲用六棱大麦，株高 89 厘米，生育期 155 天，穗粒数 48 粒，千粒重 40.3 克，抗条纹病、条锈病，中抗白粉病。

（2）云大麦 2 号：2010 年通过云南省级田间鉴评，2013 年通过云南省品种登记（登记编号：滇登记大麦 2013015 号），入选 2014 年云南省主导品种。系云南省农业科学院粮食作物研究所麦类常规课题组和保山市农业科学研究所合作，于 2002 年从 CIMMYT/ICARDA 引进的第 11 届早熟大麦筛选圃中选育出的一个啤饲兼用大麦新品种，属二棱大麦，弱春性，幼苗半匍匐，株高 75 厘米，穗长 6.5 厘米，全生育期 155 天，抗条纹病、抗条锈病，中抗白粉病。

（3）S-4：弥渡县种子管理站于 2012 年申请云南省品种登记（登记编号：滇登记大麦 2012013 号），该品种株高偏矮，仅有 60.5 厘米，穗实粒数 20.6 粒，千粒重 47.7 克。抗条纹病、条锈病、白粉病，中抗黄矮病、根腐病、赤霉病、黑穗病。

（4）凤大麦 6 号：大理白族自治州农业科学推广研究所选育，于 2012 年通过云南省品种登记（编号：滇登记大麦 2012019 号）。该品种曾入选 2017 年云南省大麦主导品种，二棱，穗长 6.8 厘米，穗实粒数 23.0 粒，中抗条纹病，高抗黄矮病、赤霉病、白粉病。

5. 2012 年至今

2012 年，云南省种子管理站重新启动了云南省非主要农作物品种登记申报工作，并于 2012 年 12 月 25 日在昆明市召开了第 1 届非主要农作物品种登记委员会第 2 次会议，审核通过了大麦、豌豆、花生、甘薯、大白菜、辣椒、香蕉、茶树等作物新品种 72 个，其中登记大麦品种 28 个，占登记品种数量的 38.89%，并于 2013 年 4 月 7 日进行公示，具体品种名单见表 3-9。

表 3-9　2013 年 4 月公示的通过品种登记的大麦品种名单

序号	品种名称	登记编号	申请单位	选育单位	品种来源
1	云啤 9 号	滇登记大麦 2012001 号	云南省农业科学院生物技术与种质资源研究所（以下简称云南省农科院生资所）	云南省农科院生资所、昆明田康科技有限公司	澳选 3 号×曲 152

（续）

序号	品种名称	登记编号	申请单位	选育单位	品种来源
2	云啤 10 号	滇登记大麦 2012002 号	云南省农科院生资所	云南省农科院生资所、昆明田康科技有限公司	S500×Clipper
3	云啤 11 号	滇登记大麦 2012003 号	云南省农科院生资所	云南省农科院生资所、昆明田康科技有限公司	宽颖大麦和 S500，BC_2F_7
4	凤大麦 7 号	滇登记大麦 2012004 号	大理白族自治州农业科学推广研究所（以下简称大理州农科所，2013 年更名为大理白族自治州农业科学推广研究院）	大理州农科所	S500×凤大麦 6 号
5	云饲麦 1 号	滇登记大麦 2012005 号	云南省农科院生资所	云南省农科院生资所、昆明田康科技有限公司	8640－1× 黄长光大麦
6	云饲麦 2 号	滇登记大麦 2012006 号	云南省农科院生资所	云南省农科院生资所、昆明田康科技有限公司	8640－1× G061S035T
7	云饲麦 3 号	滇登记大麦 2012007 号	云南省农科院生资所	云南省农科院生资所、昆明田康科技有限公司	8640－1× G061S089T
8	凤 03－39	滇登记大麦 2012008 号	大理州农科所	大理州农科所	墨西哥大麦 08YD3
9	临大麦 3 号	滇登记大麦 2012009 号	临沧市农业科学研究所（以下简称临沧市农科所）	临沧市农科所	墨西哥大麦 E03－62
10	保大麦 14 号 (09－J20)	滇登记大麦 2012010 号	保山市农业科学研究所（以下简称保山市农科所）	保山市农科所	Peaosanhos－174/92645－8
11	浙云 1 号 (ZYK10－31)	滇登记大麦 2012011 号	浙江省农业科学院	浙江省农业科学院作物与核技术利用研究所	花 30× 红日啤麦 2 号
12	昆啤 2 号	滇登记大麦 2012012 号	昆明市农业科学研究院（以下简称昆明市农科院）	昆明市农科院	BARI143

（续）

序号	品种名称	登记编号	申请单位	选育单位	品种来源
13	S-4	滇登记大麦2012013号	弥渡县种子管理站	弥渡县种子管理站、云南省农科院生资所	ARUPO/K8755//MORA/3/ARUPO/K8755/MORA
14	云大麦1号	滇登记大麦2012014号	云南省农业科学院粮食作物研究所（以下简称云南省农科院粮作所）	云南省农科院粮作所、楚雄彝族自治州农业科学研究推广所（以下简称楚雄州农推所）、丽江市农业科学研究所（以下简称（丽江市农科所）	ATACO/ACHIRA//HIGO/3/VORR/4/CHAMICO
15	云大麦2号	滇登记大麦2012015号	云南省农科院粮作所	云南省农科院粮作所、保山市农科所、临沧市农科所	ESCOBA/3/MOLA/SHYTI//ARUPO*2/JET/4/ALELI
16	云大麦4号	滇登记大麦2012016号	云南省农科院粮作所	云南省农科院粮作所、楚雄州农推所	TRIUMPH-BAR/TYRA//ARUPO*2/ABN-B/3/CANELA/4/MSRL
17	云大麦5号	滇登记大麦2012017号	云南省农科院粮作所	云南省农科院粮作所	GOB/ALELI//CANELA/3/MSEL
18	云大麦6号	滇登记大麦2012018号	云南省农科院粮作所	云南省农科院粮作所	ARUPO/K8755//MORA/3/ARUPO/K8755/MORA/4/ALELI

（续）

序号	品种名称	登记编号	申请单位	选育单位	品种来源
19	凤大麦6号	滇登记大麦2012019号	大理州农科所	大理州农科所	法大麦AT-1
20	靖大麦1号（98-116）	滇登记大麦2012020号	曲靖市农业科学研究所（以下简称曲靖市农科所）	曲靖市农科所	浙皮1号×富士二条
21	甘啤5号	滇登记大麦2012021号	昆明市农科院	甘肃省农业科学院（以下简称甘肃省农科院）	8759-7-2-3×CA2-1
22	云啤7号	滇登记大麦2012022号	云南省农科院生资所	云南省农科院生资所、中国农业科学院作物科学研究所、楚雄州农推所	Z043R053S
23	云啤5号	滇登记大麦2012023号	云南省农科院生资所	云南省农科院生资所、浙江省农业科学院病毒学与生物技术研究所（以下简称浙江省农科院生物所）、寻甸县植保植检工作站	澳选1号×甘啤3号
24	盐麦2号	滇登记大麦2012024号	云南省农科院生资所	云南省农科院生资所、寻甸县植保植检工作站、嵩明县农业技术推广站	（81-037/3/76M选162/74-7209//盐辐矮早三）×如东8072
25	澳选3号	滇登记大麦2012025号	云南省农科院生资所	云南省农科院生资所、沾益县农业局、云南澜沧江啤酒企业（集团）曲靖有限公司、中国农业科学院作物科学研究所、嵩明县种子管理站	Schooner
26	云啤2号	滇登记大麦2012026号	云南省农科院生资所	云南省农科院生资所、沾益县农业技术推广中心、中国农业科学院作物科学研究所、保山市农科所、楚雄彝族自治州种子管理站	澳选3号×S500

（续）

序号	品种名称	登记编号	申请单位	选育单位	品种来源
27	云啤 4 号	滇登记大麦 2012027 号	云南省农科院生资所	云南省农科院生资所、中国农业科学院生物技术研究所、祥云县农业技术推广中心	澳选 3 号×哈林顿
28	云啤 3 号	滇登记大麦 2012028 号	云南省农科院生资所	云南省农科院生资所、中国农业科学院作物科学研究所、嵩明县种子管理站	Clipper×甘啤 3 号

注：品种登记编号为公告时编号。

2012 年，由云南省农业科学院粮食作物研究所主导的“云南省麦类遗传育种创新团队”项目正式获得批准并启动建设，该项目由于亚雄研究员领衔。通过该项目的建设与实施，成功打造了一支专注于大麦育种、栽培技术及推广的创新团队，该团队在推动云南省大麦育种方面发挥了举足轻重的作用。2016 年 5 月 24 日，这一团队荣获了云南省科学技术厅颁发的“云南省创新团队”认定证书，标志着它已成为云南省大麦育种领域的一个重要平台。

2014 年 4 月 18 日，云南省非主要农作物品种登记委员会在昆明召开了 2014 年第 1 届非主要农作物品种登记委员会第 3 次会议，审核通过了大麦、豌豆、花生、甘薯、大白菜、结球甘蓝、辣椒、香蕉、茶树等作物品种 332 个，其中新登记品种 20 个，补登记品种 312 个，于 2014 年 6 月 4 日至 7 月 4 日进行了公示。此次登记，不仅对新育成的大麦品种进行了登记，还对在 2003—2012 年期间进行省级鉴评并通过的品种进行了补登记。此次共登记大麦（青稞）品种 20 个，占登记品种数量的 6.02％，具体名单见表 3-10。

表 3-10 2014 年 6—7 月公示的通过品种登记的大麦品种名单

序号	品种名称	登记编号	申请单位	品种来源
1	云大麦 9 号	滇登记大麦 2014001 号	云南省农科院粮作所	云大麦 2 号/07BL1-3
2	云大麦 10 号	滇登记大麦 2014002 号	云南省农科院粮作所	云大麦 1 号×06YD-6
3	云大麦 11 号	滇登记大麦 2014003 号	云南省农科院粮作所	云大麦 1 号×06YD-7

（续）

序号	品种名称	登记编号	申请单位	品种来源
4	云饲麦 4 号	滇登记大麦 2014004 号	云南省农科院生资所	8640 - 1×G061S040T
5	云啤 12 号	滇登记大麦 2014005 号	云南省农科院生资所	MF11 - 13 (S500/Z195U034V8)
6	云啤 14 号	滇登记大麦 2014006 号	云南省农科院生资所	Z11 - 10 (Z010J045J/澳选 1 号 8)
7	保大麦 15 号	滇登记大麦 2014007 号	保山市农科所	甘啤 5 号/保大麦 8 号
8	保大麦 16 号	滇登记大麦 2014008 号	保山市农科所	YS500/94dm3
9	凤大麦 9 号	滇登记大麦 2014009 号	大理白族自治州农业科学推广研究院（以下简称大理州农科院）	S500/S - 4
10	凤大麦 11 号	滇登记大麦 2014010 号	大理州农科院	S500/S - 4
11	凤大麦 12 号	滇登记大麦 2014011 号	大理州农科院	S500/凤大麦 6 号
12	云玉麦 1 号	滇登记大麦 2014012 号	昆明田康科技有限公司、玉溪农业职业技术学院	Z023Q041R/S500 F_{10}
13	云稞 1 号	滇登记大麦 2014013 号	云南省农科院生资所	保山地方种
14	云青 3 号	滇登记大麦 2014014 号	云南省农科院质标所	08 - 55 系统选育
15	保大麦 6 号	滇登记大麦 2014015 号	保山市农科所	PYRAMID
16	保大麦 8 号	滇登记大麦 2014016 号	保山市农科所	8640 - 1
17	保大麦 12 号	滇登记大麦 2014017 号	保山市农科所	V008 - 4 - 1
18	保大麦 13 号	滇登记大麦 2014018 号	保山市农科所	V24 - 2 - 4
19	云大麦 7 号	滇登记大麦 2014019 号	云南省农科院粮作所	ITSTV/Z6HVIV/E/0IIVWNH/809×HL00L/9/ITSTV/IXXHS/v/ITSTV/8/VSIVd//8 - 0X/g - NaV

（续）

序号	品种名称	登记编号	申请单位	品种来源
20	云大麦 8 号	滇登记大麦2014020 号	云南省农科院粮作所	CONDOR - BAR/3/PATTY. B/RUDA//ALELI/4/ALELI/5×ARUPO/K8755//MORA

  2015 年云南省种子管理站将非主要农作物品种登记制度变更为品种鉴定制度，经查询相关资料，查询到通过鉴定的非主要农作物品种共有 28 个，其中部分大麦品种名单见表 3 - 11。

表 3 - 11 2015 年通过品种鉴定的部分大麦品种名单

序号	品种名称	鉴定编号	申请单位	品种来源
1	云大麦 3 号	云种鉴定 2015007 号	云南省农业科学院粮食作物研究所	BOLDO/MJA//CABUYA/3/CHAMICO×TOCTE//CONGONA
2	云大麦 12 号	云种鉴定 2015008 号	云南省农业科学院粮食作物研究所	07YD - 4（裸）/云大麦 2 号
3	云大麦 13 号	云种鉴定 2015009 号	云南省农业科学院粮食作物研究所	云大麦 2 号/07BD - 5（裸）
4	云大麦 14 号	云种鉴定 2015010 号	云南省农业科学院粮食作物研究所	07YD - 4（裸）/云大麦 2 号
5	云大麦 15 号	云种鉴定 2015011 号	云南省农业科学院粮食作物研究所	07YD - 4（裸）/云大麦 2 号
6	云啤 15 号	云种鉴定 2015013 号	云南省农业科学院生物技术与种质资源研究所	BARI293/S500
7	云啤 17 号	云种鉴定 2015014 号	云南省农业科学院生物技术与种质资源研究所	S500/甘啤 5 号
8	凤大麦 10 号	云种鉴定 2015016 号	大理白族自治州农业科学推广研究院	S500/凤大麦 6 号
9	凤大麦 13 号	云种鉴定 2015017 号	大理白族自治州农业科学推广研究院	S500/澳选 2 号
10	凤大麦 14 号	云种鉴定 2015018 号	大理白族自治州农业科学推广研究院	S500/S - 4
11	云啤 18 号	云种鉴定 2015019 号	云南省农业科学院生物技术与种质资源研究所	07YD - 8/青稞

（续）

序号	品种名称	鉴定编号	申请单位	品种来源
12	腾云麦 4 号	云种鉴定 2015020 号	腾冲市农业技术推广所	S500/苏啤 4 号
13	凤大麦 17 号	云种鉴定 2015021 号	大理白族自治州农业科学推广研究院	S500/07YD‐8
14	云饲麦 7 号	云种鉴定 2015022 号	云南省农业科学院生物技术与种质资源研究所	V43/G039N056N‐2
15	云饲麦 8 号	云种鉴定 2015023 号	云南省农业科学院生物技术与种质资源研究所	8640‐1/G118E005F
16	云饲麦 9 号	云种鉴定 2015024 号	云南省农业科学院生物技术与种质资源研究所	8640‐1/G061S009T
17	云饲麦 10 号	云种鉴定 2015025 号	云南省农业科学院生物技术与种质资源研究所	8640‐1/G061S132T
18	保大麦 17 号	云种鉴定 2015026 号	保山市农业科学研究所	V013/浙田 7 号//V012
19	保大麦 18 号	云种鉴定 2015027 号	保山市农业科学研究所	82‐1‐1 系统选育
20	保大麦 19 号	云种鉴定 2015028 号	保山市农业科学研究所	V013//V013/S060

从 2017 年起，为贯彻落实《中华人民共和国种子法》、农业部《非主要农作物品种登记办法》（农业部令 2017 年第 1 号）和《农业部关于印发〈非主要农作物品种登记指南〉的通知》（农种发〔2017〕2 号），非主要农作物品种登记由农业部统一管理。同时云南省农业厅印发了《云南省农业厅办公室关于开展非主要农作物品种登记工作的通知》（云农办种植〔2017〕139 号），对非主要农作物进行统一登记。农业部公布的《第一批非主要农作物登记目录》（农业部公告第 2510 号）共有 4 大类 29 种作物名录，大麦被列入其中。

云南省种子管理站承担云南省非主要农作物品种登记受理、初审等具体工作，规范了品种登记的程序。申请者在品种登记平台上实名注册，通过品种登记平台提出登记申请，按照各作物品种登记指南要求填写上传申请材料，完成网上实名注册和登记申请后，向云南省种子管理站提交纸质申请材料，同时提供有关材料原件核查，云南省种子管理站审核通过之后推荐至农业农村部进行审核，种子样品提交合格的进行非主要农作物品种登记。同时，云南省允许把之前通过云南省登记、鉴定的品种重新申请国家登记。

2019 年 11 月 12 日，云南省农业农村厅印发了《云南省农业农村厅办公室关于成立麦类和中药材产业技术体系的通知》（云农办科〔2019〕243 号），正式成立了"云南省麦类现代农业产业技术体系"，由云南省农业科学院粮食作物研究所于亚雄研究员任首席科学家，设立了育种与繁育研究、病虫害防控研究、栽培与肥料研究、品质与加工研究、产业经济研究等岗位专家，在保山、文山、丽江、玉溪、临沧、普洱、大理、迪庆等大麦（青稞）主产区设立了试验站，为云南省大麦育种和推广提供了进一步支撑。

近年来，云南省养殖业快速发展，对青贮饲料的需求越来越大，已出现青贮饲料严重不足等问题。大麦适宜用作青贮饲料，大麦在灌浆期至乳熟期可刈割作为青贮饲料或晒干作饲草，具有营养价值高、柔嫩多汁、气味芬芳、适口性好、易于消化等特点。为促进云南省畜牧业的发展，有必要开展青贮大麦的选育、研究和应用。在前期工作的基础上，2021年由云南省农业科学院粮食作物研究所主持，联合保山市农业科学研究所、丽江市农业科学研究所、易门县农业技术推广站和鹤庆县农业技术推广中心等单位实施了"2021—2023年云南省第1届青贮大麦新品种区域试验"，开展青贮专用大麦的选育登记工作。通过该试验的实施，2024年4月，云贮麦1号、保饲麦32号等2个青贮专用大麦品种通过农业农村部登记，这也是云南省第1批通过登记的青贮专用大麦新品种。

2024年云南省农业科学院粮食作物研究所对在云南省内通过国家登记的品种进行整理和分析（数据截止日期为2024年7月），全国共有306个大麦品种通过国家登记，其中云南省登记大麦品种101个，占全国的33.01%，是全国登记大麦品种数量最多的省份。云南省拥有育种单位10家，是全国从事大麦育种单位数量排名第2的省份。其中云南省农业科学院粮食作物研究所和云南省农业科学院生物技术与种质资源研究所均育成29个品种，是育成品种数量最多的单位。

云南省各年度登记品种数量具体如下：2017年共有9个品种通过国家非主要农作物登记，全部为保山市农业科学研究所选育，均为原云南省登记、鉴定的品种重新进行国家登记的品种；2018年通过国家非主要农作物品种登记的品种共有27个，其中保山市农业科学研究所3个、云南省农业科学院生物技术与种质资源研究所22个、昆明田康科技有限公司2个；2019年通过国家非主要农作物登记的品种共5个，其中保山市农业科学研究所3个、迪庆州农业科学研究所2个；2020年通过国家非主要农作物登记品种的共33个，其中云南省农业科学院粮食作物研究所15个、大理白族自治州农业科学推广研究院9个、云南省农业科学院生物技术与种质资源研究所2个、弥渡县种子管理站3个、保山市农业科学研究所1个、腾冲市农业技术推广所1个、临沧市农业技术推广站 1 个、曲靖市农业科学院 1 个；2021 年通过国家非主要农作物登记的品种共有 1 个，为云南省农业科学院粮食作物研究所登记；2022 年通过国家非主要农作物品种登记的品种共有 12 个，其中云南省农业科学院粮食作物研究所 9 个、保山市农业科学研究所 3 个；2023 年通过国家非主要农作物品种登记的品种共有 9 个，其中云南省农业科学院生物技术与种质资源研究所 5 个、保山市农业科学研究所 3 个、云南省农业科学院粮食作物研究所 1 个；2024 年 1 月至 7 月，云南省通过国家非主要农作物品种登记的品种共有 6 个，其中云南省农业科学院粮食作物研究所 3 个、保山市农业科学研究所 3 个。云南省内各单位登记的大麦品种具体名单见表 3-12。

表 3-12 云南省主要育种单位通过国家登记的品种名称

育种单位	品种数量	品种名称
云南省农业科学院粮食作物研究所	29	云大麦 1 号、云大麦 2 号、云大麦 3 号、云大麦 4 号、云大麦 5 号、云大麦 6 号、云大麦 7 号、云大麦 8 号、云大麦 9 号、云大麦 10 号、云大麦 11 号、云大麦 12 号、云大麦 13 号、云大麦 14 号、云大麦 15 号、云饲麦 406、云饲麦 407、云饲麦 408、云饲麦 409、云饲麦 410、云饲麦 411、云饲麦 412、云啤麦 510、云啤麦 511、云啤麦 512、云青 602、云青 604、云青 606、云贮麦 1 号
云南省农业科学院生物技术与种质资源研究所	29	澳选 3 号、云稞 1 号、云啤 2 号、云啤 3 号、云啤 4 号、云啤 5 号、云啤 7 号、云啤 9 号、云啤 10 号、云啤 11 号、云啤 12 号、云啤 14 号、云啤 15 号、云啤 17 号、云啤 18 号、云啤 20 号、云饲麦 1 号、云饲麦 2 号、云饲麦 3 号、云饲麦 4 号、云饲麦 7 号、云饲麦 8 号、云饲麦 9 号、云饲麦 10 号、昆啤 4 号、云啤 21 号、云啤 22 号、云饲麦 11 号、云饲麦 12 号
保山市农业科学研究所	24	保大麦 6 号、保大麦 8 号、保大麦 12 号、保大麦 13 号、保大麦 14 号、保大麦 15 号、保大麦 16 号、保大麦 17 号、保大麦 18 号、保大麦 19 号、保大麦 20 号、保大麦 21 号、保大麦 22 号、保大麦 23 号、保大麦 24 号、保大麦 25 号、保啤麦 26 号、保饲麦 27 号、保啤麦 28 号、保饲麦 29 号、保饲麦 30 号、保啤麦 31 号、保饲麦 32 号、保啤麦 33 号
大理白族自治州农业科学推广研究院	9	凤 0339、凤大麦 6 号、凤大麦 7 号、凤大麦 9 号、凤大麦 10 号、凤大麦 11 号、凤大麦 12 号、凤啤麦 1 号、凤啤麦 2 号
弥渡县种子管理站	3	矮思 500、矮思 82 秆 1、矮思秆 4
昆明田康科技有限公司	2	云玉麦 1 号、云靖麦 2 号
迪庆州农业科学研究所	2	迪青 1 号、迪青 2 号

（续）

育种单位	品种数量	品种名称
腾冲市农业技术推广所	1	腾云麦 4 号
曲靖市农业科学院	1	靖大麦 1 号
临沧市农业技术推广站	1	临大麦 6 号

注：仅以第 1 育种单位进行统计。

2024 年 3 月 1 日，云南省种子管理站为进一步加强非主要农作物品种登记管理，规范非主要农作物品种登记行为，加强对登记品种的监督检查，履行好对申请者和品种测试、试验机构的监管责任，根据《中华人民共和国种子法》《非主要农作物品种登记办法》相关要求，启动了品种试验和品种特性测试的报备和检查工作。通知要求在云南省境内申请新培育品种登记的，申请者应在开展试验前 1 个月，填写《拟登记品种试验报备表》，将试验地点、试验点数量、试验负责人等信息报送云南省种子管理站。申请者提供的品质分析、抗性鉴定、转基因成分、DUS 测试、DNA 检测等测试报告，测试报告是通过有资质单位提供的，在品种登记申请材料中，提供检测单位资质复印件；检测报告的检测单位若没有通过资质认证，申请者应在开展品种特性测试前 1 个月，填写《拟登记品种特性测试方案报备表》并报送云南省种子管理站。云南省种子管理站根据申请者报备情况，将组织专家或委托试验点辖区种子管理机构对品种田间试验或检测单位进行实地核查，确保品种试验和品种特性测试的真实性和科学性，对拒不提交《报备表》或不接受检查的申请者，不再受理其品种登记申请。

2024 年 6 月，云南省种子管理站新受理通过新选育品种丽青贮麦 1 号、凤啤麦 7 号、凤啤麦 8 号、凤啤麦 9 号、凤饲麦 3 号、云啤麦 514、云贮麦 3 号和已销售品种云青 2 号等大麦新品种，推荐至农业农村部，值得注意的是丽青贮麦 1 号是丽江市农业科学研究所独立选育并申请登记的第 1 个大麦新品种，实现了丽江市自主选育大麦品种数量零的突破。冬青稞品种云青 2 号从 2009 年通过云南省级专家鉴评开始在云南推广以来，至 2024 年已经推广了 15 年之久，现由云南良禾种业有限公司迪庆州分公司重新申请国家非主要农作物品种登记。

二、云南省大麦品种权概况

截至 2024 年 7 月，云南省共受理大麦青稞植物新品种权申请 47 件，授权

19 件，授权比例 40.43%，其中云南省农业科学院生物技术与种质资源研究所申请 17 件，授权 10 件，授权比例 58.8%，是云南省大麦品种权申请和授权数量最多的单位；大理白族自治州农业科学推广研究院申请 8 件，授权 8 件，是授权比例最高的单位；保山市农业科学研究所授权 1 件。通过授权的品种名单如下：凤啤麦 1 号、凤啤麦 2 号、凤啤麦 3 号、凤啤麦 5 号、凤啤麦 6 号、凤大麦 7 号、凤大麦 8 号、凤大麦 9 号、云饲麦 1 号、云饲麦 2 号、云饲麦 3 号、云饲麦 4 号、云啤 4 号、云啤 5 号、云啤 6 号、云啤 10 号、云啤 11 号、云啤 12 号、保大麦 13 号。

云南省农业科学院粮食作物研究所作为云南省重要的育种单位之一，对植物新品种权重视较晚，同时，因为早期品种名称为云大麦系列，申请均因品种名称含有"大麦"两字不符合《农业植物品种命名规定》而被拒绝。在 2022年后开始对更名后的品种申请新品种保护，现申请品种权共 10 件，均处于实审过程中。

三、云南省大麦（青稞）育种平台

云南省从事大麦育种的科研单位，申报获批了一批项目或者平台，以此支撑育种工作的正常开展。整理了主要的育种平台，简介如下。

1. 云南省高产优质大麦新品种选育及示范推广协作组

2004 年，在云南省农业厅科技教育处主持下，成立了"云南省高产优质大麦新品种选育及示范推广"项目协作组。2011 年协作组成员单位逐步优化为保山、曲靖、临沧、楚雄、丽江和德宏六州（市）农业科学研究所。协作组每年项目经费 60 万元，在工作中采取强强联合、优势互补、信息共享的协作办法。到 2016 年协作组取消为止，累计育成大麦品种 12 个。

2. 国家大麦（青稞）产业技术体系

2008 年启动建设和成立的国家大麦（青稞）产业技术体系，现如今在云南设有科学家岗位 1 个，综合试验站 3 个，分别为：秋播啤酒大麦育种岗位、保山综合试验站、大理综合试验站、迪庆综合试验站。

3. 云南省麦类遗传育种创新团队

2012 年立项建设，承担单位为云南省农业科学院粮食作物研究所，参加单位有云南省农业科学院质量标准与检测技术研究所、大理白族自治州农业科学推广研究所、曲靖市农业科学研究所、保山市农业科学研究所、楚雄彝族自治州农业科学研究推广所，由云南省农业科学院粮食作物研究所于亚雄研究员担任团队带头人，于 2016 年 5 月 24 日获得云南省科学技术厅"云南省创新团队"认定证书，团队名称：云南省麦类遗传育种创新团队。

4. 赵振东院士工作站

2014 年 11 月，云南省科学技术厅印发了《云南省院士专家工作站管理委员会关于建立 2014 年云南省第二批院士专家工作站的通知》，由云南省农业科学院粮食作物研究所主持、山东省农业科学院作物研究所等作为合作单位联合申报的赵振东院士工作站获批建设，执行期限为 2014—2017 年，项目主持人为于亚雄研究员。本工作站利用赵振东院士及其团队在小麦优质高产与超高产广适品种选育领域的品质性状与农艺性状同步选择、品质与产量协调提高、高产广适育种、抗病基因聚合育种等技术，在大麦育种方面主要开展优质大麦育种新材料创制及新品系选育、高抗条锈病大小麦育种新材料创制及新品系选育等工作。

5. 云南省麦类现代农业产业技术体系

2019 年 11 月 12 日，云南省农业农村厅印发了《云南省农业农村厅办公室关于成立麦类和中药材产业技术体系的通知》（云农办科〔2019〕243 号），正式成立了"云南省麦类现代农业产业技术体系"，由云南省农业科学院粮食作物研究所于亚雄研究员任首席科学家。第 1 批岗站专家名单见表 3 - 13。云南省麦类现代农业产业技术体系打造出了一支云南省级的大麦青稞产业技术研发队伍，涵盖了种质资源、遗传育种、土壤肥料、病虫害防控、品质加工、产业经济和示范推广等学科，涉及大麦青稞全产业链，紧跟大麦产业日益变化的生产需求，大力开展协同攻关，培育多元化专用品种，为大麦单产提高、节本增效、农民增收做出了积极的贡献。

表 3 - 13 云南省麦类现代农业产业技术体系专家信息表

姓名	岗位职责	单位	学历	职务/职称
于亚雄	首席专家	云南省农业科学院粮食作物研究所/国家小麦改良中心云南分中心	本科	主任/二级研究员
乔祥梅	体系办公室	云南省农业科学院粮食作物研究所	硕士	助理研究员
杨金华	育种与繁育研究	云南省农业科学院粮食作物研究所	博士	研究员
李明菊	病虫害防控研究	云南省农业科学院农业环境资源研究所	博士	研究员
程加省	栽培与肥料研究	云南省农业科学院粮食作物研究所	硕士	研究员

（续）

姓名	岗位职责	单位	学历	职务/职称
覃鹏	品质与加工研究	云南农业大学农学与生物技术学院	博士	副教授
李永前	产业经济研究	云南农业大学经济管理学院	博士	副教授
赵加涛	保山试验站	保山市农业技术推广中心	本科	副主任/农艺师
何金保	文山试验站	文山州农业科学院	本科	所长/推广研究员
宗兴梅	丽江试验站	丽江市农业科学研究所	本科	室主任/高级农艺师
施立安	玉溪试验站	玉溪市农业科学院	本科	所长/推广研究员
沙云	临沧试验站	临沧市农业技术推广中心	本科	室主任/推广研究员
丰诗尧	普洱试验站	普洱市农业技术推广中心	本科	室主任/高级农艺师
刘帆	大理试验站	大理白族自治州农业科学推广研究院	硕士	室主任/农艺师
张桂芳	迪庆试验站	迪庆藏族自治州农业科学院	本科	高级农艺师

四、云南省大麦育种夏繁和冬繁概况

1. 大麦夏繁

1952 年开始，云南省农科院粮作所就已经开展了小麦等作物在昆明的夏播试验，明确了春性品种可以在夏播条件下正常结实成熟的结果，在 1975 年将研究结果《小麦夏播在选育早熟抗锈丰产小麦育种上的应用》发表在《云南农业科技》上，后经《中国农业科学》转载，引起国内麦类育种科研工作者的重视，其他省份的麦类育种科研工作者纷纷来云南进行加代夏繁。在昆明，夏繁大麦的常规播种期定于 6 月份，随后在 8—9 月间迎来成熟。昆明地区的夏繁加代技术，在缩短大麦育种周期、加速全国育种工作的推进、促进新品系与新品种的提前应用、加快现代农业的发展步伐、确保国家粮食安全以及提高农民收入等方面，均发挥着积极的促进作用。

据文献报道，很多省份的科研单位纷纷在昆明进行大麦夏繁加代，主要依托单位为云南省农业科学院粮食作物研究所。如浙江省舟山市农业科学研究所选育的啤用大麦品种大麦 68，于 1977 年 6—10 月在昆明夏繁 F_3 代，从中选择出 6 个单株进行接下来的繁殖和选育；1975 年荆州地区农业科学研究所育成大麦新品种三五三，在 1975 年即来昆明开展夏繁，获得原种 255 斤，对三五三的示范推广起到了重要作用；1986 年起，武汉市东西湖区农业科学研究所为了优化杂交组合配置、增加作物世代、缩短育种周期，以及开展抗病性鉴定等关键研究，决定前往昆明进行夏季繁殖育种工作。这一举措显著提升了大麦选育的效率，加快了育种工作的进程。据曾凤英的报道，武汉市东西湖区农业科学研究所主要在位于昆明北郊的云南省农业科学院粮食作物研究所基地进行夏季繁殖育种，该基地海拔高达 1 916 米，拥有理想的气候条件：月平均气温维持在 15℃和 20℃之间，极端最高气温不超过 30℃，极端最低气温不低于 8℃。这里气候凉爽且多雨，尤其在 7—8 月期间，降雨最为充沛，日照时间相对较短，且常有骤雨骤晴的天气变化，为育种工作提供了得天独厚的自然环境。

2. 大麦冬繁

在云南冬繁最著名的基地当属元谋基地。云南省楚雄彝族自治州元谋县属于干热河谷型气候，具有良好的气候与土地资源，是目前青稞等喜凉作物冬季育种加代与扩繁的优势区域，能实现青稞一年两熟或三熟的育种计划，青稞育种年限将缩短至 5~8 年，显著提高了育种工作效率，为品种更新换代提供了优质种质与技术支撑。同时云南元谋的湿热气候条件，也使元谋成为青稞抗病性鉴定的天然场所，有助于青稞抗性育种研究。

元谋基地作为国家区域性良种繁育基地，以开展小麦、大麦、青稞的冬繁及十字花科、瓜类、豆类、葱类蔬菜的制种为主，是全国最重要的麦类冬繁基地和十字花科蔬菜制种基地，目前全国 24 个省份、96 家省级科研院所及种子企业在元谋开展冬繁制种。元谋的种子冬繁工作始于 1973 年，经过 50 多年积累，目前已成为国内第 2 大冬春种子制繁种基地。2017 年 1 月，元谋县被农业部认定为国内第 1 批区域性良种繁育基地。元谋县地处金沙江干热河谷地区，光热资源充沛，立体气候特征明显，昼夜温差大，全年基本无霜，年平均气温 21.5℃，非常适宜麦类、十字花科等作物种子的繁育。元谋县的自然气候优势，吸引了我国北方地区的农业科技人员前来开展育种工作，20 世纪 70年代开始，陆续有来自黑龙江、内蒙古、甘肃等地的农业科技人员将当地秋收后的麦类作物等育种材料带到元谋，开展冬季种子繁育与杂交后代加代、鉴定、扩繁工作。1986 年吉林省农业科学院就已经在云南省元谋县开展了南繁加代的工作，据报道，吉林省农业科学院选择性状差异较大的 142 份杂交后代材料，在 1986 年冬季种于云南省元谋县农场南繁基地，比较相同育种材料在云南和吉林两地的性状差异和相关性。2004 年 4 月 8 日，在元谋县委和县政府的支持下，由育种专家和村民共同组成的"元谋县南繁种子繁育协会"正式挂牌成立。

在大麦南繁方面，主要是西藏自治区农牧科学院在元谋开展青稞加代工作。20世纪90年代，西藏自治区农牧科学院育种工作者就开始在元谋开展青稞育种加代工作。2016年11月，西藏自治区农牧科学院在元谋县建成了"青稞育种加代与扩繁（元谋）基地"，基地从最初的试验田面积小而分散，到现如今拥有土地591亩，其中网室65亩，配备拖拉机、播种机、旋耕机、脱粒机等农机具31台（套）。该基地建成以来，每年完成来自西藏自治区农牧科学院、日喀则市农业科学研究所、山南市农业科学研究所、拉萨市农业科学研究所以及来自青海、甘肃、四川、云南等省藏区青稞育种科研单位的青稞等农作物育种后代加代、原原种扩繁品种（系）近5 000份。据西藏自治区农牧科学院农业研究所唐亚伟报道，目前西藏生产上推广的青稞良种中有80%培育自元谋青稞育种加代与扩繁基地。每年西藏自治区农牧科学院把拉萨秋收的青稞后代和新品系带到元谋，9—10月播种，翌年3月收获，正好赶上西藏的春季播种，让青稞每年可以多加代或扩繁一次。两地来回倒种让西藏的青稞育种的时间缩短了一半，极大提高了青稞的育种效率，加快了新品种的选育步伐。西藏自治区农牧科学院利用元谋基地，成功培育出了高寒农区丰产早熟的藏青17、喜马拉23号等品种，以及藏青3000、藏青16、藏青20等河谷高产抗倒伏品种。同时，对藏青2000等高产型品种在元谋基地开展原原种扩繁，并在全自治区进行大面积示范推广。据统计，目前元谋县育繁种总面积基本稳定在1.5万亩以上，品种主要有麦类、蔬菜、红花、蓖麻等。多年来，元谋基地培育出的20多个青稞新品种在西藏、青海、四川等青稞主产区累计推广1 350万亩，取得了较好的经济效益和社会效益。

第五节　云南大麦主导品种和主推技术

为引导广大农业生产经营者选用优良品种和先进适用技术，加快农业科技成果转化应用，确保粮食生产和重要农产品稳定安全供给，助力特色农业强省建设，推动高原特色现代农业高质量发展，近年来，云南省农业农村厅每年组织遴选云南省级农业主导品种和主推技术，遴选范围为符合高原特色现代农业发展的农作物和畜禽水产品种，以及作物、园艺、植保、畜牧、兽医、水产、农业资源环境、农业机械化、农产品加工与质量安全等方面的先进适用技术，其中非主要农作物品种需要在提质增产、亩均效益、带动农户、增效增收等方面具有良好的社会、生态和经济效益。本节梳理了各年度入选的云南省主导品种和主推技术，并列入名录，具体见表3-14、表3-15。

表3-14　云南省农业主导品种名录

序号	品种名称	入选年度（年）	品种选育单位
1	云大麦1号	2014	云南省农业科学院粮食作物研究所
2	云大麦2号	2014	云南省农业科学院粮食作物研究所
3	S-4	2014	弥渡县种子管理站
4	云啤2号	2014	云南省农业科学院生物技术与种质资源研究所
5	临大麦3号	2015、2017	临沧市农业科学研究所
6	V43	2015、2016	大理白族自治州农业科学推广研究院
7	保大麦8号	2015、2016	保山市农业科学研究所
8	保大麦13号	2015、2016	保山市农业科学研究所
9	保大麦14号	2015、2023	保山市农业科学研究所
10	S500	2016	弥渡县种子管理站
11	保大麦15号	2016	保山市农业科学研究所
12	保大麦16号	2016、2019	保山市农业科学研究所
13	凤大麦7号	2016、2018、2020、2023	大理白族自治州农业科学推广研究院
14	云大麦12号	2017	云南省农业科学院粮食作物研究所、丽江市农业科学研究所
15	云大麦10号	2017、2023	云南省农业科学院粮食作物研究所
16	云大麦5号	2017	云南省农业科学院粮食作物研究所
17	保大麦12号	2017	保山市农业科学研究所
18	保大麦17号	2017	保山市农业科学研究所
19	凤大麦6号	2017	大理白族自治州农业科学推广研究院
20	保大麦18号	2018	保山市农业科学研究所
21	云啤15号	2018	云南省农业科学院生物技术与种质资源研究所
22	云饲麦7号	2018	云南省农业科学院生物技术与种质资源研究所
23	凤03-39	2019	大理白族自治州农业科学推广研究院
24	云饲麦3号	2019	云南省农业科学院生物技术与种质资源研究所

（续）

序号	品种名称	入选年度（年）	品种选育单位
25	保大麦 20 号	2020	保山市农业科学研究所
26	保大麦 22 号	2020	保山市农业科学研究所
27	云啤 18 号	2020	云南省农业科学院生物技术与种质资源研究所
28	云饲麦 1 号	2020	云南省农业科学院生物技术与种质资源研究所
29	云啤 20 号	2023	云南省农业科学院生物技术与种质资源研究所
30	云饲麦 406	2023	云南省农业科学院粮食作物研究所
31	保啤麦 28 号	2024	保山市农业科学研究所
32	云饲麦 10 号	2024	云南省农业科学院生物技术与种质资源研究所
33	云大麦 14 号	2024	云南省农业科学院粮食作物研究所

表 3－15　云南省农业主推技术名录

序号	云南省主推技术	年度（年）	单位
1	大麦优质高产免耕栽培技术	2015	大理白族自治州农业科学推广研究院
2	大麦轻简栽培集成技术	2016	保山市农业科学研究所
3	稻茬免耕大麦优质高产栽培技术	2016	大理白族自治州农业科学推广研究院
4	烟后大麦高产栽培集成技术	2016	保山市农业科学研究所
5	大麦抗旱减灾集成技术	2017	保山市农业科学研究所
6	大麦绿色高产高效栽培技术	2019	丽江市农业科学研究所
7	早秋麦避旱绿色高产栽培技术	2019	云南省农业科学院粮食作物研究所
8	核桃林下套种大麦集成技术	2020	保山市农业科学研究所
9	冬青稞绿色高质高效栽培技术模式	2022	迪庆藏族自治州农业科学研究院
10	青贮大麦高产高效栽培技术	2022	保山市农业科学研究所
11	大麦氮磷平衡技术及其六位一体综合利用	2023	云南省农业科学院生物技术与种质资源研究所、云南省农业技术推广总站
12	冬青稞高产高效栽培技术	2023	云南省农业科学院粮食作物研究所、丽江市农业科学研究所
13	烤烟-大麦轮作大麦绿色高效栽培技术	2023	云南省农业科学院粮食作物研究所、云南省农业技术推广总站
14	云南麦类氮肥减施绿色轻简化栽培技术	2023	云南省农业科学院粮食作物研究所、云南省农业技术推广总站

第六节　云南大麦所获省部级以上奖励

　　云南省的各大麦育种与推广机构，因其在大麦品种的培育、示范及推广领域内所展现出的卓越贡献，荣获了众多市厅级以及省部级的科技表彰。这一系列荣誉的起点可追溯至1982年，当时，云南省农业科学院粮食作物研究所携手中国农业科学院作物品种资源研究所共同申报的"云南麦类品种资源考察与搜集"项目，获得了农牧渔业部的技术改进奖一等奖。此后，云南省在这一领域不断取得新的突破与成就。本节内容主要聚焦于云南省作为申报主体所获得的省部级及以上级别的核心科技奖励，详情见表3-16。

表3-16　云南大麦所获省部级以上奖励名录

奖励名称	颁奖单位	等级	名称	第1单位	获奖年度
云南省科学技术进步奖	云南省人民政府	三等奖	云南省大麦品种资源的评价编目及遗传研究	云南省农业科学院生物技术与种质资源研究所	1996年
云南省科学技术进步奖	云南省人民政府	三等奖	国际玉米小麦改良中心麦类种质的引进、创新及应用	云南省农业科学院粮食作物研究所	2004年
云南省科学技术进步奖	云南省人民政府	三等奖	高新技术在云南啤酒麦芽产业化开发中的应用	云南省农业科学院生物技术与种质资源研究所	2007年
云南省科学技术进步奖	云南省人民政府	三等奖	云南省啤酒产业链关键技术研究及其产业化	云南省农业科学院生物技术与种质资源研究所	2008年
全国农牧渔业丰收奖	中华人民共和国农业部	三等奖	啤饲大麦新品种选育和示范推广	保山市农业科学研究所	2010年
云南省科学技术进步奖	云南省人民政府	二等奖	高产广适系列大麦品种的选育与应用	云南省农业科学院粮食作物研究所	2012年
云南省科学技术进步奖	云南省人民政府	三等奖	云南啤酒大麦新品种选育及生产技术研究与产业化	云南省农业科学院生物技术与种质资源研究所	2013年
云南省科学技术进步奖	云南省人民政府	三等奖	大麦高产高效栽培技术集成及示范推广	保山市农业科学研究所	2016年

（续）

奖励名称	颁奖单位	等级	名称	第1单位	获奖年度
云南省科学技术进步奖	云南省人民政府	三等奖	粮草双高型优质抗旱大麦新品种选育及综合利用	云南省农业科学院生物技术与种质资源研究所	2017年
全国农牧渔业丰收奖	中华人民共和国农业农村部	二等奖	低纬高原大麦绿色高效技术集成与应用	云南省农业技术推广总站	2019年
云南省科学技术进步奖	云南省人民政府	一等奖	早秋小麦大麦高产高效栽培技术体系构建及应用	云南省农业科学院粮食作物研究所	2020年
云南省科学技术进步奖	云南省人民政府	三等奖	云南迪庆藏区青稞高效栽培与产业化示范技术集成	迪庆藏族自治州农业科学研究院	2020年
云南省科学技术进步奖	云南省人民政府	三等奖	保大麦13号、14号新品种选育及示范推广	保山市农业科学研究所	2023年

第四章 云南省农业科学院粮食作物研究所大麦育种科研概况

云南省农业科学院粮食作物研究所（以下简称云南省农科院粮作所）大麦科研最早可追溯到1912年的云南省农事试验场。1938年，云南省建设厅稻麦改进所专门从事稻、麦品种调查，引种，选种和外引品种适应性等简单试验研究。从1957年开始进行大麦资源收集鉴定工作，以这些资源为切入点陆续开展了一系列品种适应性鉴定。自1974年起，从浙江、江苏等省份以及CIMMYT（国际玉米小麦改良中心）、ICARDA（国际干旱地区农业研究中心）等机构引入品种和种质资源，进行鉴定与利用。特别是在1986年，参与了由云南省农业厅和云南省农业科学院组织的墨西哥考察团，成功引进了217份优质大麦材料，并将这些材料分发至云南省内各单位，为云南省大麦品种的选育与种植面积的扩大做出了显著贡献。

云南省农业科学院粮食作物研究所是云南省最早从事大麦种质资源收集和育种等相关研究的单位。云南省农科院粮作所从事大麦育种科研的部门主要是"麦类常规育种课题组"，在2020年1月云南省农业科学院进行创新团队建设时变更为现名"麦类遗传育种与应用创新团队"，主要针对云南省高产、优质、绿色饲用大麦、啤酒大麦和加工青稞品种匮乏，无法满足大麦（青稞）生产和市场需求的情况，立足云南立体生态气候特点和产业需求，开展大麦（青稞）育种工作。主要育种方式为利用系谱法、穿梭育种、多点鉴定、分子标记等育种方法和技术开展高产优质多抗大麦新品种选育，育成了一系列大麦（青稞）新品种，满足了云南多样的生产环境对品种多样性的需求，在云南省大麦育种、栽培与推广等方面发挥了重要作用。经过多年的发展和积淀，该团队在大麦种质资源的收集、引进、评价和创新利用，优质专用啤酒、饲料大麦、青稞新品种选育，育种技术的创新，绿色、高效大麦栽培技术集成与应用等方向取得了长足发展，为云南省大麦生产提供了技术支撑和保障。

历经 60 余年的发展，云南省农业科学院粮食作物研究所麦类遗传育种与应用创新团队已发展成为云南省级创新团队和云南省麦类产业技术体系首席科学家依托团队。至今，该团队已经育成通过国家登记的大麦品种共 29 个，国家登记大麦品种数量排名全国第 1。

下面主要介绍自 2000 年以来云南省农业科学院粮食作物研究所在大麦育种方面的科研概况及相关进展。

第一节 云南省农业科学院粮食作物研究所大麦育种进展

自 2000 年以来云南省农业科学院粮食作物研究所共选育出通过国家非主要农作物登记的大麦（青稞）品种 29 个，其中饲料大麦品种 12 个、啤酒大麦品种 12 个、青稞品种 4 个、青贮大麦品种 1 个，主要进展如下。

一、云南省农科院粮作所大麦品种命名的两个阶段

1. 云大麦系列命名

云南省农业科学院粮食作物研究所大麦品种的命名最初是按照云南省农业科学院的命名习惯，以"云"字开头，按照作物种类以"云大麦"系列命名，从"云大麦 1 号"开始，按照登记顺序进行命名，按此规则命名到"云大麦15 号"。

2. 按用途进行命名

自 2021 年开始，按照《农业植物品种命名规定》的要求，大麦的品种名称不能包含"大麦"二字，因此，云南省农科院粮作所新选育的品种按照用途分别命名为"云饲麦 4××""云啤麦 5××""云青 6××""云贮麦×号"等，去除云大麦 1 号至云大麦 15 号的各类型品种个数，再进行编号，其中饲料大麦品种从云饲麦 406 开始，啤酒大麦品种从云啤麦 510 开始，青稞品种从云青 602 开始，青贮大麦品种从云贮麦 1 号开始。

二、云南省农科院粮作所大麦育种的三个阶段

云南省农业科学院粮食作物研究所的大麦育种与云南省内外的育种历程基本一致，在 2000 年之后主要分为外引资源筛选鉴定育种、自主选育等阶段。

1. 外引种鉴定选育

第 1 个阶段是从国际玉米小麦改良中心（CIMMYT）和国际干旱地区农业研究中心（ICARDA）等国外机构引进筛选圃、观察圃和鉴定圃等材料，通过系谱法从中筛选鉴定并选择出优良株系，进行连续自交至性状稳定后提升至初级鉴定圃，进行产量和抗性鉴定后再选择优良品系提升至云南省多点品种比较试验继续鉴定，通过高产稳产性分析、抗性综合评价后选择出优良品系提升至云南省区试等程序和流程，便进入品种的选育阶段。这一阶段主要是从 2000 年至 2009 年，选育出了云大麦 1 号、云大麦 2 号、云大麦 3 号、云大麦 4 号、云大麦 5 号、云大麦 6 号、云大麦 7 号、云大麦 8 号等 8 个大麦品种，并通过云南省非主要农作物品种登记。

云南省农业科学院与 CIMMYT 在 2002 年和 2011 年分别签订了合作协议，每次合作期限为 5 年，在种质资源和人才培养等方面进行支持和交流。协议约定 CIMMYT 每年向云南省农业科学院粮食作物研究所提供 1 000 份左右的小麦和大麦种质资源，用于开展抗病和品质相关研究，以期利用生物技术，将 CIMMYT 优异种质资源中的优质亚基和抗病基因转入云南省大面积推广的品种中，育成这些品种的优质近等基因系，提高育种效率，改良云南大麦的加工品质和抗病性。同时，邀请 CIMMYT 专家到云南开展交流和技术指导，其中 2001 年 4 月邀请 CIMMYT 知名专家 Trethowan 博士、Huerta Espino 博士和何中虎博士等到昆明指导生产并举办育种技术培训班，来自云南省内 15 家单位的 37 位小麦科研工作人员参加了培训；2002 年 1 月邀请 CIMMYT 的知名专家 Villareal 博士和何中虎博士到云南指导并进行了学术交流；2003 年 11 月邀请 CIMMYT 的知名专家 Roberto J. Pena 博士到云南指导育种技术和生产并进行了学术交流。同时，于亚雄和杨金华等人分别赴 CIMMYT 墨西哥总部、以色列等地多次进行培训学习和交流。因在麦类资源利用和育种领域的贡献，2014 年于亚雄获得 CIMMYT 杰出校友奖，截至 2024 年全国仅有 42 位科研人员获得此荣誉。

此阶段云南省农科院粮作所累计从国外引进大麦育种材料 8 000 余份，其中主要引进批次见表 4-1，引进的材料包含了从 F_2 代到稳定品系等各世代的材料。引进的种质资源先在元谋、嵩明等地进行加代和扩繁，之后分发至云南省内主要的大麦育种单位，供育种家进行鉴定、选择和利用。这些种质资源的引进和利用对云南省大麦品种的选育起到了重要的作用。

其间，云南省农科院粮作所先后在昆明、保山、大理、丽江、曲靖、临沧、楚雄、德宏、迪庆等州市选择部分县区设立了试验点，开展品系多点适应性鉴定试验，为选育出的品种具有抗病、高产、广适等优良特性奠定了基础。

云南省农科院粮作所对引进的大麦种质资源在鉴定和利用等方面进行了一系列的研究，这些研究作为主要内容的"国际玉米小麦改良中心麦类种质的引进、创新及应用"在2004年获云南省科技进步奖三等奖，以云大麦1号和云大麦2号为主要支撑品种的"高产广适系列大麦品种的选育与应用"于2012年获云南省科技进步奖二等奖。

表 4-1　2000—2007 年云南省农科院粮作所从国外引进的种质资源清单（部分）

引进年份（年）	种质资源圃名称	引进份数（份）
2000	8 EMBSN	48
2000	27 IBON	140
2000	9 HBSN	50
2002	10 EMBSN	60
2002	29 IBOS	187
2002	YJH TRAINING COURSE-1	25
2002	35 IBWSN	556
2003	2nd CHSN	54
2003	30 IBON	377
2003	11 EMBSN	47
2003	34 IDSN	295
2003	25 IBYT	25
2004	8 SRSN	51
2004	3 CHSN	56
2004	V/CNN/YU YAXIONG-34	426
2005	36 IBWSN	372
2005	11th HRWYT	50
2005	11th SAWYT	50
2005	11th HTWYT	50
2005	24th ESWYT	50
2005	ME1IQ02	84
2005	PC CHINA	330
2005	4 CHSN	50

（续）

引进年份（年）	种质资源圃名称	引进份数（份）
2005	12 HTWYT	50
2005	15 HRWSN	350
2005	37 IBWSN	410
2006	29IBYT	49
2006	33 IBON	200
2006	15 HBSN	150
2006	13 EMBSN	59
2006	1 LSSN	88
2006	2 ISWSN	86
2006	13 HRWYT	50
2006	13 SAWYT	50
2006	26 ESWYT	50
2006	37 ITSN	100
2006	34 IBON	200
2007	30 IBYT	48
2007	40 IBWSN	198

2. 围绕产量、多抗、优质等目标开展杂交育种

第 2 个阶段主要是立足云南立体生态气候特点，以啤饲大麦品种选育为重点，采用杂交育种方法，利用穿梭育种、分子标记、夏繁加代和多点鉴定等方法和技术，围绕高产、多抗、优质等目标，选育具有自主知识产权的大麦新品种，这一阶段的时间范围是 2001 年至今。主要选育方向为饲料大麦、啤酒大麦和冬青稞，育成了云大麦 9 号、云大麦 10 号、云大麦 11 号、云大麦 12 号、云大麦 13 号、云大麦 14 号、云大麦 15 号、云饲麦 407、云饲麦 409、云饲麦 410、云饲麦 411、云饲麦 412、云啤麦 510、云啤麦 511、云青 604 等 15 个大麦品种。

云南省农科院粮作所自 2001 年开始进行大麦杂交工作以来，在第 1 年组配杂交组合 21 个。六棱大麦以 V43 和 06YD‐6 为母本，二棱大麦以 S500 为母本，选择优良的品系作为父本进行杂交，正式开启了杂交育种的步伐，后续每年逐步扩大杂交规模。近几年，每年组配的杂交组合稳定在 300 个左右。选种圃中种植早代材料 1.5 万余份，稳定品系 300 余份，每年有 30 个品系参加自主组织的云南省内多点品种比较试验，有 3～6 个品种参加云南省饲料大麦、啤酒大麦和冬青稞区域试验。

为了选育出适合不同生态区的品种，云南省农科院粮作所在昆明、大理、德宏、保山、曲靖、楚雄、玉溪等州市选择部分县区设置了固定的试验点，开展穿梭育种和多点品种适应性鉴定试验；在保山市隆阳区设置了抗病性鉴定试点，专门针对白粉病进行鉴定，选择抗白粉病的品系；建立了以鹤庆县、禄丰市、玉龙纳西族自治县、腾冲市、易门县等市县为主的新品种展示、示范基地，为选育出适合不同生态区的品种奠定了良好的基础；在鹤庆县、玉龙纳西族自治县、腾冲市等市县建立了高产创建基地，其间创建和刷新了一系列的高产典型和纪录。同时，为了加快材料纯合，使基因型稳定，缩短育种年限，在嵩明县建立了夏繁基地，开展大麦夏繁加代工作，为缩短育种年限提供了助力。

3. 根据产业需求有针对性地开展专用品种选育

第 3 个阶段主要是针对不同产业的需求，以市场特殊用途为导向，开展专用大麦新品种选育，这一阶段的时间范围是 2010 年至今。如依托"青稞产业链关键技术研究及产业化开发"等项目，针对酿酒专用青稞品种需求，加大高淀粉含量的种质资源的鉴定和品种的选育力度，最终选育出了淀粉含量高达74％的高淀粉冬青稞品种云青 602、淀粉含量 70.06％的冬青稞品种云青606 等品种；依托"特色专用麦类新品种选育及绿色高效生产关键技术研发"等项目，针对优质高蛋白饲料大麦需求，选育出了蛋白质含量 20.49％的高蛋白饲料大麦品种云饲麦 406、蛋白质含量 20.96％的高蛋白品种云饲麦 408 等品种；依托"青贮专用大麦新品种选育及栽培技术研究"等项目，针对青贮饲料大麦品种需求，选育出了在两年区域试验中平均产量高达 3.3 吨/公顷的云贮麦 1 号等青贮专用大麦品种。

此阶段，主要是进行高淀粉酿酒专用冬青稞新品种选育，以迪庆和丽江等冬青稞种植区域为重点，在德钦县、香格里拉市、玉龙纳西族自治县、鹤庆县和嵩明县针对不同海拔和气候建立冬青稞新品系鉴定点。在初级产量鉴定圃，开展品质检测，以鉴定蛋白质和淀粉含量为主，选育不同品质目标的冬青稞品种。针对高蛋白饲料大麦新品种选育，以大理、保山、楚雄、临沧、玉溪、昆明和曲靖等饲料大麦种植区域为重点，建立不同海拔和气候的饲料新品系鉴定点和云南省饲料大麦区域试验试点，同时，在初级产量鉴定圃，开展品质检测，以鉴定高蛋白质含量新品系为重点，选育出产量高、蛋白质含量高、抗病性好的饲用大麦新品种；针对青贮专用大麦新品种选育，选取保山、大理、丽江、玉溪、昆明、楚雄等养殖业发达、青贮饲料需求大的州市为试点，建立健全云南省青贮大麦多点试验机制，以鲜饲草和干饲草等生物产量为目标，同时辅以品质检测，选育出生物产量高、饲草品质好的青贮专用大麦新品种。

三、依托主要项目选育品种的历程

品种的选育离不开科研项目经费的支持，云南省农科院粮作所依托各类科研项目和平台在不同时期选育了不同的品种（表 4 - 2），用于支撑云南省大麦产业的发展。按照时间先后介绍主要项目如下。

为解决云南省优良大麦品种缺乏，不能满足生产和啤酒、饲料工业发展要求的问题，在 2006—2009 年依托云南省科学技术厅"十一五"攻关计划"优质专用高产多抗麦类新品种选育及配套技术研究示范"项目（项目编号：2006NG10，财政经费 70 万元），开展优质饲料大麦、啤酒大麦和青稞新品种筛选及配套技术等相关研究。通过项目的实施，云南省农科院粮作所收集到来自香格里拉、宁蒗、剑川、泸水等地的大麦资源 21 份，对这些大麦的 51 个性状进行了全面系统调查，配置了杂交组合 81 个。云南省农科院粮作所组织了云南省大麦区域试验，开展了云大麦 2 号的高产攻关，2009 年 4 月 17 日，经由云南省农业技术推广总站、云南省种子管理站等单位有关专家组成的云南省级专家组现场实收测产，在保山市腾冲县（今腾冲市）罗坪村，云大麦 2 号 205 亩连片高产样板平均亩产 629.6 千克，最高单产 720.8 千克/亩，刷新了我国百亩连片大麦平均亩产和大麦最高单产纪录，创下历史新高。

为解决高产与广适、抗性、优质的结合问题，在 2009—2012 年依托云南省重点新产品开发计划"优质高产多抗麦类新品种选育"项目（项目编号：2010BB005，财政经费 90 万元），以突破性种质材料创制为基础，开展优质啤酒大麦、饲料大麦、青稞新品种选育研究，力争在麦类新材料、新品种选育上取得突破。通过项目的实施，云南省农科院粮作所从引入的外引种高代材料中先后鉴定选择出了云大麦 1 号、云大麦 2 号、云大麦 4 号、云大麦 5 号、云大麦 6 号共 5 个通过云南省级田间鉴评的啤饲大麦新品种，示范推广大麦品种 193.07 万亩。2012 年，以云大麦 1 号和云大麦 2 号为主要支撑品种的"高产广适系列大麦品种的选育与应用"获云南省科技进步奖二等奖，主要获奖人为于亚雄、郑家文、杨金华、邹萍、李国强、刘猛道、陈朝良、尹开庆、程加省等。

为解决目前市场发展对优质麦类品种的需求，在 2012—2014 年依托云南省科学技术厅"十二五"重点新产品开发计划"优质高产多抗麦类新品种选育"项目（项目编号：2012BB015，财政经费 65 万元），利用生态、地理、遗传等远缘种质资源，综合运用和利用常规杂交育种技术以及分子标记辅助选择等方法，以突破性种质材料创制为基础，解决高产与广适、抗性、优质的结合问题，开展优质专用麦类新品种育种攻关。通过项目的实施，选育出适应云南省不同生态类型区的优质、高产、多抗大麦新品种 3 个，创制优异育种新材料 5 份，累计示范推广大麦新品种 60 万亩，其中继续扩大了云大麦 1 号、云大麦 2 号、云大麦 4 号、云大麦 5 号、云大麦 6 号等优质品种的应用。

为建立健全云南省麦类育种体系，推动育种、抗病、加工、推广等单位部门协同发展，在 2012—2015 年依托云南省科学技术厅科技创新人才计划"云南省农业科学院麦类遗传育种省创新团队"项目（项目编号：2012HC008，财政经费 30 万元），在云南省麦类科技攻关的基础上，形成了由不同生态点科研单位、种子部门与推广等单位参加的，联合麦类遗传资源、生理生化、品种改良、植物病理、栽培推广等多学科科研人员攻关的团队，开展种质交流、穿梭选育以及联合多点鉴定等工作。在团队建设期内，共发表论文和撰写专著 23 篇（部），选育出通过云南省级品种登记的大麦新品种 26 个，完成新品种繁殖示范推广面积 1 386.48 万亩，新增总产量 4.85 亿千克，新增总产值 10.53 亿元。云南省麦类遗传育种创新团队于 2016 年 5 月 24 日获得云南省科学技术厅"云南省创新团队"认定证书。

为培养具有云南特色的大麦育种技术创新人才，为云南高质量发展提供人才保证和智力支持，依托 2012—2015 年"云南省技术创新人才培育对象——杨金华"项目（项目编号：2012HB049，财政经费 6 万元），开展优质饲料大麦新品种选育与示范推广，通过项目的实施，累计培育优异育种新材料 10 份，登记大麦品种 5 个，示范推广云大麦系列品种 286.46 万亩，平均每亩较当地主栽品种增产 37.6 千克，新增大麦总产量 1.02 亿千克，新增总产值 2.04 亿元。

为了应对当前市场对优质麦类品种日益增长的需求，云南省农科院粮作所启动了优质专用麦类新品种的育种攻关项目，旨在培育出能适应云南省多样化生态区域的优质、高产且具备多重抗性的大麦新品种。此项目的目标是提升云南麦类育种的整体水平，强化啤酒及饲料工业的竞争力，并推动云南啤酒与饲料工业的繁荣发展。依托 2014—2017 年云南省科技惠民专项"优质专用高产多抗麦类新品种选育及示范"（项目编号：2014RA056，财政经费 170 万元），云南省农科院粮作所深入开展了优质啤饲大麦与青稞新品种的筛选与研究工作。项目执行期间，成功选育出 6 个大麦新品种并通过了云南省品种登记，这些品种累计示范推广面积达 90 万亩。其中，云大麦 1 号、云大麦 2 号等优质品种的应用范围持续扩大，累计种植面积达到 85 万亩；同时，新育成的品种繁殖示范也取得了显著成效，累计示范面积达到 5 万亩。

为学习赵振东院士及其团队在小麦优质高产与超高产广适品种选育领域的品质性状与农艺性状同步选择、品质与产量协调提高、高产广适育种、抗病基因聚合育种等技术，破解云南省大麦新品种选育过程中存在的广适、优质、产量、抗病难以结合的技术难题，2014 年 11 月，云南省科学技术厅印发了《云南省院士专家工作站管理委员会关于建立 2014 年云南省第二批院士专家工作站的通知》，由云南省农业科学院粮食作物研究所主持，山东省农业科学院作物研究所等为合作单位联合申报的赵振东院士工作站获批建设。依托 2014—2017 年云南省科学技术厅人才强省战略"赵振东院士工作站"项目（财政经费 180 万元），在大麦育种方面主要开展优质大麦育种新材料创制及新品系选育、高抗条锈病大小麦育种新材料创制及新品系选育等工作。

为解决云南省青稞品种老化、加工品质差、缺乏青稞酒专用青稞品种及全产业链不畅通等问题，2019—2020 年依托云南省重大科技专项"青稞产业链关键技术研究及产业化开发"（项目编号：2019ZG004，财政经费 300 万元），开展冬青稞和春青稞种质资源引进、评价鉴定及创新利用，青稞酒专用青稞新品种选育，青稞新品种绿色高效栽培技术集成研究及规模化示范和青稞酒生产线及产品研发等研究。通过项目的实施，共收集和引进了 208 份国内外青稞种质资源并进行评价鉴定，共对 457 份新引进的和原有的青稞资源进行抗性鉴定，鉴定出抗白粉病资源 65 份，鉴定出抗穗发芽材料 5 份；筛选出遗传背景清楚的优异种质资源 5 份，创制优质中间材料 13 份，育成经国家非主要农作物品种登记的青稞酒专用新品种云青 602、云青 606 等冬青稞品种；完成 3 组青稞栽培试验，总结形成《青稞云大麦 12 号丰产栽培技术规范》栽培标准；示范推广青稞 10.2 万亩，新增产值 2 942.24 万元；建成年产 1 800 吨青稞酒生产线，开发青稞酒新品种两款等。依托项目的实施，总结凝练出了"冬青稞高产高效栽培技术"，2019 年第 3 次刷新全国冬青稞高产纪录，后经逐步完善，此项技术入选了 2023 年云南省农业主推技术。

为了加强优异种质资源的改良与创新，云南省农科院粮作所借鉴了国内外的最新研究成果，集中力量研发育种过程中的核心共性技术，力求在关键环节实现重大突破，从而建立起高效的育种技术体系，全面提升粮食作物育种的技术水平。依托 2021—2022 年云南省财政部门预算项目下的 3 个子课题——"常规麦类新品种选育与应用研究"、"麦类高质量种子供给技术体系构建与应用"和"加工型青稞新品种选育与应用研究"，共计获得财政经费 100 万元的支持，云南省农科院粮作所开展了大麦和青稞的品种选育工作。在此过程中，成功选育出 130 份优良材料进入初级产量鉴定试验阶段；同时，对 10 份表现优异的青稞新品系进行了品种比较试验。此外，在易门县这一典型的旱地生产区域进行了青稞新品种（系）的区域鉴定试验，并在香格里拉市、维西傈僳族自治县以及玉龙纳西族自治县设立了试验点，开展了一组青稞的区域试验。最终，选育出的饲料大麦品种云饲麦 406 和云饲麦 407，以及冬青稞品种云青 604，均通过了国家登记。其中，云饲麦 406 更是入选 2023 年云南省农业主导品种。

针对云南省绿色高效专用品种短缺，无法适应绿色生产和市场需求，以及专用麦类品种配套技术研究不足的问题，云南省农科院粮作所依托 2021—2023 年云南省重大科技专项"特色专用麦类新品种选育及绿色高效生产关键技术研发"项目（项目编号：202102AEO90014，财政经费 500 万元），开展了啤饲大麦种质资源的鉴定以及新品种的选育与示范推广工作。通过项目的深入实施，云南省农科院粮作所筛选鉴定出云大麦 10 号、云饲麦 409、凤 18－15 等水高效种质资源 3 份，云大麦 5 号、云大麦 6 号、云大麦 10 号、云大麦 19YD（二）－8、云大麦 20YD（二）－9、云啤麦 512、云啤麦 513、云青 604、云饲麦 406、云饲麦 407、云饲麦 409、云饲麦 410、云饲麦 412、保饲麦 29 号、凤饲麦 3 号、凤 19－13、靖大麦 8 号、云饲麦 16 号、云饲麦 MF19－24、V43 等高产氮高效资源 20 份，云大麦 10 号、云啤麦 512、云啤麦 513、云饲麦 16 号、云饲麦 407、云饲麦 409、凤 18－15、云饲麦 MF19－24 等磷高效资源 8 份；选育了优质专用高产饲料大麦云饲麦 408、云饲麦 409、云饲麦 410 和云饲麦 411 等新品种 4 个；选育了优质啤酒大麦云啤麦 510 和云啤麦 511 等新品种 2 个；对云啤麦 512、云啤麦 513、云饲麦 412 等 3 个大麦品种申请植物新品种权保护。同时总结凝练出了"烤烟-大麦轮作大麦绿色高效栽培技术"，该技术入选 2023 年云南省农业主推技术。

根据《云南省科技支撑乡村振兴六大行动》《云南省科技厅关于科技支撑现代化边境小康村建设有关工作的通知》《云南省农业科学院百团千员助农增收三年行动方案》等相关文件精神，为助力云南省巩固拓展脱贫攻坚成果促进乡村振兴，推进科技兴边富民，通过深入实施科技特派员制度，进一步动员全院科技力量聚焦服务乡村振兴主战场。2023 年，依托"鹤庆县大麦产业农科服务团"项目（财政经费 7.5 万元），在鹤庆县开展云大麦 2 号、云大麦 10 号、云大麦 14 号、云饲麦 406、云饲麦 410、云饲麦 411、云青 604、云贮麦 1 号等新品种示范，同时引进优质高产高效生产技术，并辐射带动新品种和技术在生产上应用，使新品种、新技术推广率达到 60%，累计推广和带动新品种及新技术面积 2 万亩，每亩增产 30 千克，按照单价 2.5 元/千克计算，新增产值 150 万元。

近年来，云南省畜牧业的蓬勃发展加剧了对青贮饲料的需求，而当前存在的青贮饲料供应短缺问题，使得人畜在粮食资源上的竞争愈发激烈。据报道，2022 年云南省共有牛羊规模养殖场 8 096 个，青贮饲料储备量为 446.9 万吨，青贮饲料缺口约 165.2 万吨，缺口比例达 27.0%。同时，外购饲草占全年饲草量的 62.29%，冬春饲草储备明显不足。大麦在灌浆期至乳熟期具有营养价值高、柔嫩多汁、气味芬芳、适口性好、易于消化的特点、适宜做青贮。云南省大麦种植面积常年为 300 余万亩，具有良好的种植基础，这些大麦可以直接转化为青贮饲料，而云南省缺乏生物产量高的青贮专用大麦品种。为促进云南省畜牧业的发展，有必要开展青贮大麦的选育、研究和应用。在前期青贮大麦调研和新品系选育工作的基础上，依托财政部门预算项目"青贮专用大麦新品种选育及栽培技术研究"，由云南省农业科学院粮食作物研究所申请和主持，联合保山市农业科学研究所、丽江市农业科学研究所、易门县农业技术推广站和鹤庆县农业技术推广中心等单位，开展了"云南省第 1 届青贮大麦新品种区域试验"，系统开展优质青贮专用大麦品种在云南省的适应性评价工作。通过两年的区域试验，云南省农业科学院粮食作物研究所有 3 个青贮专用大麦新品系通过区试，其中云贮麦 1 号在云南省青贮大麦品种区域试验中两年平均鲜重为亩产 3 379.96 千克，居所有参试品种第 1 位，较对照增产达极显著水平，因其持绿性好，产量高，在生产上迅速得到推广和应用。

表 4-2 云南省农科院粮作所大麦育种主要依托项目

序号	项目类型	项目名称	项目编号	财政经费/万元	主持人	起止时间
1	云南省"十一五"攻关计划	优质专用高产多抗麦类新品种选育及配套技术研究示范	2006NG10	70	于亚雄	2006—2009 年

（续）

序号	项目类型	项目名称	项目编号	财政经费/万元	主持人	起止时间
2	云南省重点新产品开发计划	优质高产多抗麦类新品种选育	2010BB005	90	于亚雄	2009—2012年
3	云南省"十二五"重点新产品开发计划	优质高产多抗麦类新品种选育	2012BB015	65	于亚雄	2012—2014年
4	云南省科技创新人才计划	云南省农业科学院麦类遗传育种省创新团队	2012HC008	30	于亚雄	2012—2015年
5	云南省科技创新人才计划	云南省技术创新人才培育对象——杨金华	2012HB049	6	杨金华	2012—2015年
6	云南省科技惠民专项	优质专用高产多抗麦类新品种选育及示范	2014RA056	170	于亚雄	2014—2017年
7	云南省人才强省战略	赵振东院士工作站		180	于亚雄	2014—2017年
8	云南省重大科技专项	青稞产业链关键技术研究及产业化开发	2019ZG004	300	于亚雄	2019—2021年
9	云南省重大科技专项	特色专用麦类新品种选育及绿色高效生产关键技术研发	202102AEO90014	500	杨金华、王志伟	2021—2023年
10	云南省财政部门预算项目	常规麦类新品种选育与应用研究	530000210000000013809—2021	30	杨金华	2021年
11	云南省财政部门预算项目	麦类高质量种子供给技术体系构建与应用	530000210000000013809—2021	30	王志伟	2021年
12	云南省财政部门预算项目	加工型青稞新品种选育与应用研究	530000210000000013809—2022	40	王志伟	2022年
13	云南省财政部门预算项目	鹤庆县大麦产业农科服务团	530000210000000013809—2023	7.5	王志龙	2023年
14	云南省财政部门预算项目	青贮专用大麦新品种选育及栽培技术研究	530000210000000013809—2024	20	王志龙	2024年

四、下一步育种计划

在维持并聚焦于高产、优质、抗病性强的啤酒大麦、饲料大麦及青稞这三种大麦品种的育种优势与核心育种技术的同时，根据云南省的产业布局与实际需求，云南省农科院粮作所还将同步推进以下工作。

① 以市场和产业加工需求为导向，联合不同加工企业、食品研发机构等单位，构建新型高效现代种业创新体系，加强顶层设计，开展优质专用大麦品种选育。

② 结合云南省现行政策和云南省农业科学院"粮经协同千斤万元示范"重点任务目标，以"粮经协同"为切入点，以"烟麦轮作"为重点，推进专用品种筛选和现有技术的集成与示范，突出重点推广区域，做出成效和亮点，开展早熟、抗旱大麦品种选育，同时加强粮经作物协同发展的交叉学科研究，加强科技创新支撑。

③ 依照云南省《云南"十四五"畜牧业高质量发展实施意见》《云南省支持肉牛产业加快发展若干措施（2024—2026）》等促进畜牧业高质量发展的方针政策，针对当前面临的饲料原料如玉米、豆粕高度依赖进口、云南省内饲用玉米价格高于全国平均水平10％以上、优质饲草料供应不足、饲料资源分布零散以及收集储存利用成本高昂等问题，将持续推进青贮专用大麦品种的选育工作，并开展相应的示范与应用推广。同时，围绕"云贮麦1号"品种，深化种养结合的研究与技术积累，为畜牧业的高质量发展提供有力支撑。

④ 强化优质品种的展示、示范及推广力度，深化与企业的战略合作伙伴关系，共同构建完善的产业链与创新链体系，加速新品种等科研成果的有效转化与实际应用。

第二节　云南省农业科学院粮食作物研究所在大麦方面的主要奖励、知识产权等

云南省农业科学院粮食作物研究所取得了一系列显著的科技成果，涵盖科技奖项的获得、栽培技术标准的制定、专利授权以及软件著作权的取得。此外，云南省农科院粮作所还积极撰写并发表了多篇科技论文，编辑出版了专业著作，有力地推动了大麦新品种及新技术在云南省适宜区域的示范与应用推广。

一、主要科技奖励

2000 年以来，云南省农业科学院粮食作物研究所因在品种选育、示范推广、栽培技术和国际合作等相关方面的贡献而获得了一系列的成果奖励，特别是主持申报的"早秋小麦大麦高产高效栽培技术体系构建及应用"获得了云南省科技进步奖一等奖。

1. 早秋小麦大麦高产高效栽培技术体系构建及应用

授奖单位：云南省人民政府

获奖等级：云南省科技进步奖一等奖

获奖时间：2020 年

获奖人：于亚雄、程加省、沈丽芬、刘猛道、沙云、吕学菊、丰诗尧、戈芹英、任孝忠、周琰、张中平等。

主持单位：云南省农业科学院粮食作物研究所

参加单位：云南省农业技术推广总站、保山市农业科学研究所、临沧市农业科学研究所、砚山县农业技术推广中心、普洱市农业科学研究所、弥勒市农业技术推广中心、楚雄彝族自治州农业科学院等。

主要内容：针对云南省麦类生产中常遇到冬春干旱、倒春寒等自然灾害，云南省农科院粮作所联合有关单位，开展了以改变麦类栽培方式和耕作制度为突破口的早秋小麦、大麦避旱减灾栽培技术研究。该项技术为选择适宜的品种，于 8 月下旬至 9 月中旬播种，在次年的 2 月底至 3 月初收获。这种方法巧妙地避开了 3—4 月份可能遭遇的严重干旱、倒春寒与高温等不利条件，从而实现了作物高产的目标。历经 10 多年的试验示范，该技术整合形成了以"四早一增"为核心，辅以四项关键栽培技术和四种复种（套种）模式的高产高效栽培技术体系。其间，成功选育出 9 个通过云南省级审定、适宜早秋种植的麦类新品种。经实地验收，早秋小麦百亩连片区域平均亩产量达到 510.6 千克，最高单产为 544.9 千克/亩；早秋大麦百亩连片区域平均亩产量为 398.6 千克，最高单产为 514.1 千克/亩，均创下百亩连片平均亩产量和最高单产的新纪录。2016—2018 年，该技术三年累计推广面积达到 540.04 万亩，新增总产量 3.05 亿千克，新增总产值 7.244 亿元。特别是 2017—2018 年近两年时间，推广面积 370.45 万亩，新增总产量 1.94 亿千克，新增总产值 4.65 亿元。该技术的推广不仅解决了大小春作物种植衔接问题，提高了土地复种指数和粮食产量，还为畜牧业提供了丰富的饲料来源，为偏远和原贫困地区冬季粮食生产提供了有力的科技支撑，有力推动了科技扶贫和产业发展。该技术已被列为云南省农业主推技术。云南省农业科学院粮食作物研究所以该技术为基础荣获1项专利授权，成功制定了2项地方标准，同时发表了25篇（部）相关的学术论文和专著，其带来的经济社会效益极为显著。总体而言，该技术在国内处于领先地位，特别是在利用特定生境条件创建的早秋种植技术方面，已经达到了国际先进水平。

2. 高产广适系列大麦品种的选育与应用

授奖单位：云南省人民政府

获奖等级：云南省科技进步奖二等奖

获奖时间：2012年

获奖人：于亚雄、郑家文、杨金华、邹萍、李国强、刘猛道、陈朝良、尹开庆、程加省、李江、和忠等。

主持单位：云南省农业科学院粮食作物研究所。

参加单位：保山市农业科学研究所、楚雄彝族自治州农业科学研究推广所、大理白族自治州农业科学推广研究所、丽江市农业科学研究所等。

主要内容：随着畜牧业、啤酒工业的发展以及农业产业结构的调整，因大麦具有生育期短、早熟、耐旱、耐寒、耐贫瘠等特性，在两熟农业种植结构中解决作物茬口有较强的优势，因而云南省大麦种植面积上升较快，生产上急需高产、广适、优质、抗病的大麦新品种。在云南省科技攻关项目及粮食高产创建活动等支撑下，云南省农科院粮作所加大了大麦品种改良工作力度。在长期引进国际玉米小麦改良中心优异麦类种质资源和先进技术的基础上，分别通过分离群体的选择、系统选育、引种筛选以及穿梭育种等方法，经多年不懈努力，成功选育出云大麦1号、云大麦2号、保大麦8号、V43等大麦新品种，这些品种先后通过省市两级专家田间鉴评及现场验收，并在云南省不同年份、不同区域接连创下不同层面的高产纪录。以上大麦新品种具有高产、优质、抗病、适应性广等特性。近三年来，这些大麦新品种以每年增加50万亩的速度在生产上迅速推广，自2005年应用以来，累计推广598.53万亩，额外增产粮食产量1.71亿千克，新增产值3.42亿元，其中2010年种植213.31万亩，已占云南省大麦播种面积的2/3以上，占全国大麦播种面积的10%以上，不仅创造了重大经济效益、社会效益以及生态效益，同时也显著提升了我国大麦育种水平，推动了大麦科技进步。该项研究成果总体达到国际先进水平，其中高产性能上达到国际领先水平，在广适性方面达到国内同类研究的领先水平。

3. CIMMYT 杰出校友奖——于亚雄

授奖单位：国际玉米小麦改良中心

获奖时间：2014 年

获奖人：于亚雄

主持单位：云南省农业科学院粮食作物研究所

主要内容：CIMMYT 杰出校友奖主要颁发给曾经在 CIMMYT 学习或工作过，在全世界玉米、小麦等科研领域做出突出贡献的科学家。通过与国际玉米小麦改良中心（CIMMYT）以及中国农业科学院作物科学研究所等国内外知名研究机构的合作，搭建了种质资源引进和人才培养的科技合作的平台，扩大了对外的科技交流，为培养科技人员提供了条件。共引进 CIMMYT 麦类种质上万份，其中小麦 8 000 份，大麦 8 000 份，从中筛选出一批麦类材料，通过与云南生态多样性的有机结合，丰富了云南乃至全国麦类育种基因库，拓宽了麦类资源的遗传多样性。开展抗病性和品质相关研究，以期利用生物技术，将 CIMMYT 优异种质资源中的优质亚基和抗病基因转入云南省大面积推广的品种中，育成这些品种的优质近等基因系，提高育种效率，改良云南大麦和小麦的加工品质和抗病性。

表 4-3　云南省农科院粮作所大麦主要科技奖励情况

序号	类型	成果名称	年份（年）
1	云南省科技进步奖一等奖	早秋小麦大麦高产高效栽培技术体系构建及应用 （第 1 单位）	2020
2	云南省科技进步奖二等奖	高产广适系列大麦品种的选育与应用 （第 1 单位）	2012
3	CIMMYT 杰出校友奖	CIMMYT 杰出校友奖——于亚雄 （第 1 单位）	2014
4	全国农牧渔业丰收奖二等奖	低纬高原大麦绿色高效技术集成与应用 （第 2 单位）	2019

二、云南省主推技术和主导品种

2000 年以来，云南省农业科学院粮食作物研究所积极加大选育品种的示范、推广和配套栽培技术等相关研究力度，有多项栽培技术入选云南省农业主推技术和云南省农业生产指导意见（表 4-4），有多个品种入选云南省农业主导品种（表 4 - 5），主导品种相关信息详见第四章第三节云南省农业科学院粮食作物研究所品种介绍，简要介绍 4 个农业主推技术如下。

1. 早秋麦避旱绿色高产栽培技术

入选年度：2019 年

技术单位：云南省农业科学院粮食作物研究所、云南省农业技术推广总站。

主要内容：为解决云南小麦、大麦生产面临的困境，云南省农业科学院和云南省农业技术推广总站等相关农业科研单位，积极探索应对麦类生长不利因素的栽培模式，经过多年试验研究，成功开发了早秋麦避旱绿色高产栽培技术。本技术主要利用早秋时节的充沛雨水、初冬的温暖气候以及充足的光照资源，巧妙避开 3 月和 4 月之间的严重干旱和高温时段，确保麦类作物在生长的关键时期能够获得充足的营养积累，从而实现高产高效。该技术在云南省每年的推广面积均超过 100 万亩，展现出强大的应用潜力。该技术特别适合在海拔 1 500 米以下的烤烟地、蔬菜地以及早玉米地实施，同时，在海拔 1 900～2 700 米的一季作物地或二荒地同样表现出色，展现出广泛的适用性和良好的地域适应性。

技术要点：①品种选择。选择春性早熟抗病品种，适宜品种有云麦 53、云麦 56、云麦 57、云麦 68、临麦 6 号、临麦 15、保大麦 8 号、云大麦 8 号、云大麦 10 号、云大麦 14 号等。②种子处理。播前要精选种子，在太阳下暴晒 1～2 天，并用三唑酮、多菌灵、辛硫磷拌种，防控病虫害。③整地和土壤处理。大春收获后及时灭茬，随耕随耙，多蓄秋雨。每亩用 40% 辛硫磷乳油 0.3 千克，加水 1～2 千克，拌细土 25 千克制成毒土，耕地前均匀撒施于地面，随着犁地翻入土中。④重施底肥。在整地前每亩撒腐熟的农家肥 1 500～2 000 千克的同时，一般每亩施用尿素 15 千克，普钙 25～30 千克，硫酸钾 10 千克。⑤适期播种。上茬收获较早的蔬菜、烤烟、早玉米地，一般于 8 月下旬至 9 月中旬播种；海拔 1 900～2 700 米的一季地、二荒地，在 7 月中、下旬播种。⑥增加播种量。每亩播种 13～15 千克，基本苗 20～24 万株/亩。⑦肥水运筹和田间管理。看苗看雨追施化肥，及时中耕除草。⑧病虫雀鼠草害防控。在小麦扬花期至灌浆期采用"一喷三防"技术防治病虫害，提高植株抗逆能力。

2. 冬青稞高产高效栽培技术

入选年度：2023 年

技术单位：云南省农业科学院粮食作物研究所、丽江市农业科学研究所。

主要内容：云南青稞年播种面积约 20 万亩。目前，随着人们生活水平的提高，青稞自身的营养保健价值逐渐引起人们的重视，青稞正在逐渐由一个区域性的口粮作物向全球性药食同源作物发展。冬青稞主要种植在云南西北部的迪庆藏族自治州和丽江市等地区，既是一种口粮作物，同时其秸秆还是家畜的优质饲料。云南地区长期以来主要种植着古老的青稞品种，但这些品种已面临严重的退化问题。与此同时，高产优质的青稞新品种及其配套的高效栽培技术匮乏，远远跟不上当前产业发展的步伐，这无疑成为了制约云南青稞产业进一步壮大的关键因素。鉴于此，积极推广冬青稞的高产高效栽培技术显得尤为重要。此举旨在提升青稞的产量，不仅能够直接惠及民生，提高人民的生活水平，更对推动乡村振兴战略的深入实施具有深远的战略意义。对此，云南省农业科学院粮食作物研究所联合丽江市农业科学研究所，共同展开了冬青稞高产高效栽培技术研究，尤其聚焦于金沙江河谷这一优质烟叶生产区域。研究发现，冬青稞不仅与烤烟移栽时间相契合，而且两者共患病害少，轮作能有效减轻病害，对提升烟草品质具有显著优势。基于此，双方联合制定了《云大麦12号（裸）栽培技术规程》这一地方标准。通过应用该技术，青稞的种植面积得到有效扩大，并在冬青稞种植区取得了显著成效。该技术成熟度高、适用性强，展现出广阔的推广应用前景，意义重大。该技术特别适用于云南省迪庆藏族自治州和丽江市金沙江河谷两岸的冬青稞种植区，并有望推广至大理白族自治州、保山市、临沧市等海拔在1 400米和2 100米之间的秋播大麦种植区。

技术要点：①良种选择。选择抗病性好、抗倒伏性强、分蘖力好、成穗率高的冬青稞品种，比如云大麦12号、云青602、云青604、云青606等。②种子处理。播种前，晒种1～2天，提高种子发芽率。为预防大麦病虫害的发生，播种前应采用药剂拌种，在白粉病和条纹病发生较重的地块，每100千克种子用20%三唑酮150克或用2%戊唑醇100～150克拌种。③整地。前茬收获后深翻晾晒，深耕、深松土壤，耕深应达到24厘米以上，做到一犁三耙平整土地，有条件的可以晒垡10～15天。④播种。云南冬青稞播种期宜选在10月下旬至11月上旬，各地播种时间因地而异，但不宜过早或过迟，过早则花期易受倒春寒冻害，影响产量，过迟则影响下季作物的种植。每亩播种量8～12千克，墒情较差田块应适当增加播种量，播种后用旋耕覆土机适当镇压盖土，以提高田间出苗率。⑤施肥。根据冬青稞生育期前期需肥多的特点，应当秉持重施基肥、施足基肥、适当追肥的原则。施肥结合深耕，每亩施1.5～2.0吨腐熟农家肥和20千克复合肥做基肥。出苗后30天左右，结合雨水或灌水追施尿素15千克/亩作分蘖肥，视苗情每亩追施尿素10千克作拔节肥，追施拔节肥时应避免过量施用氮肥造成倒伏。⑥灌水。在出苗期、分蘖期、拔节期、抽穗扬花期、灌浆期根据旱情适时灌水 3～4 次。灌水采用漫灌的方式,当厢面潮湿后,及时排水,忌久淹。⑦病虫草害防治。病虫草害防治坚持"预防为主、综合防治"的防治原则,采用"一喷三防"技术措施,在扬花期至灌浆期,以防治白粉病、条纹病、蚜虫为重点,兼治其他病虫,防早衰,增粒重,可选用三唑酮、吡虫啉、磷酸二氢钾等药剂混合喷施。注意坚黑穗病的防治。⑧适时收获。人工收割在蜡熟末期为宜,抢晴天收割,籽粒集中晾晒 2～3 天,入仓籽粒含水量需要小于 13%。

3. 烤烟-大麦轮作大麦绿色高效栽培技术

入选年度:2023 年

技术单位:云南省农业科学院粮食作物研究所、云南省农业技术推广总站。

主要内容:为了引领绿色生态烟叶的发展方向,改善土壤的理化特性、增强其活力并恢复其健康状态,同时增加土壤微生物多样性、阻断病害生长途径及病原菌的传播,从而提升烤烟的产量、品质及经济价值,实施烟后轮作模式被证明是最为有效的方法之一。鉴于云南地区冬春季节干旱、烤烟栽培季节较早的特点,结合大麦作物收获期早且具备抗旱能力的优势,烤烟-大麦轮作模式脱颖而出,展现出以下显著优点:一是大麦成熟期较早,能有效解决烤烟-大麦轮作的茬口矛盾;二是大麦和烤烟属于不同种属,各自发生的病虫害不同,烤烟-大麦轮作能有效隔绝各自的病虫害,从而实现有效的生物防治;三是两种作物对肥料的需求规律不同,烤烟是以钾肥为主,氮肥次之,而大麦是以氮肥为主,磷钾肥次之。在云南大麦种植习惯上,大麦的整个生育期内仅施氮肥,因此烤烟-大麦轮作能有效利用土壤中的残留肥料,减少生产成本,保护环境;四是随着畜牧业和酿酒产业的发展,需要大量的饲料和酿酒原料,种植大麦能提供稳定的原料来源,因此烤烟-大麦轮作能有效促进粮-经协同发展,增加农户收入。发展烤烟-大麦轮作能有效改善烤烟生长环境,提升品质,同时保证云南畜牧业发展所需的饲料和酿酒原料,减少农户的农药化肥投入,减少农药化肥对环境的污染。大力示范推广烤烟-大麦轮作等"经-粮-饲"三元生产模式,能有效促进"粮经饲"一、二、三产业深度融合协同发展,实现农民增产、农业增效、产业绿色发展。该技术适合应用于云南省海拔在 1 600～2 200 米的适宜大麦秋冬播种的烤烟生产区域。

技术要点:①选择适宜品种。选用适合在云南生态区域种植的通过云南省或国家非主要农作物品种登记(鉴定)的早熟大麦品种,种子质量须符合国家标准规定。目前适合在云南种植的二棱大麦品种主要有云大麦 12 号、云大麦

2 号、云大麦 14 号、云青 602、凤大麦 10 号、凤大麦 12 号、S500、S-4；多棱大麦品种主要有云大麦 5 号、云大麦 10 号、V43、保大麦 8 号、云饲麦 406。②种子处理。播种前晒种 1～2 天，提高发芽率。大麦播种期由于温度高、湿度大，地下害虫活动频繁，病害容易发生。因此，大麦种子应进行包衣处理，可采用杀菌剂和杀虫剂按各自所需剂量混合后拌种或直接进行种子包衣。具体而言，可使用 40%辛硫磷乳油和三唑酮按种子重量 0.03%的有效成分进行拌种，既能防治蝼蛄、蛴螬、金针虫等地下害虫，又能控制苗期白粉病、锈病，并兼治纹枯病、黑穗病等。③深耕改土，精细整地。大麦播种期为 10 月底到 11 月中旬，温度高，雨水多，田间杂草多且生长较快，地下害虫活动猖獗。烤烟收获后及时灭茬、施肥，随耕随耙，多蓄秋雨。耕地前，每亩可用 40%辛硫磷乳油 0.3 千克，加水 1～2 千克，拌细土 25 千克制成毒土，耕地前均匀撒施于地面，随犁地翻入土中，防治地下害虫。通过深耕改土，能够增加土壤蓄水能力。深耕可以打破犁底层，打通水分上下移动通道，增加土壤含水量，减少地表径流。④科学配方施肥。大麦的栽培主要集中在山地，由于生育期间无法进行灌溉，导致施肥工作困难。因此，遵循"前期促进、中期补充、后期控制"的施肥策略，采用"一次性集中施肥"（即"一炮轰"）的方法，重点加大基肥和分蘖肥的施用量。在拔节阶段，根据降水量的情况，适当追加少量氮肥以维持养分平衡，而在抽穗后的生长后期，则控制不施穗肥。在耕地准备阶段，每亩土地需施用农家肥 1 500～2 000 千克，并配以 10 千克的尿素。进入分蘖期后，利用雨水时机迅速追施 10 千克尿素作为分蘖肥。对于饲用大麦，在其抽穗灌浆期间，可通过叶面喷施 2～3 次 0.3%的磷酸二氢钾和 1%的尿素溶液，以此提升籽粒中的蛋白质含量。⑤科学播种。播种时间掌握在 10 月上中旬，在土壤水分充足、墒情好的有利条件下抢墒播种，弱春性品种宜早，春性品种宜稍迟，在适期内争取早播。每亩播种量 10～12 千克，二棱大麦品种亩基本苗 20 万株以上，多棱大麦品种亩基本苗 22 万株以上。采用旋耕浅旋耕种植，净墒面宽 2 米，沟宽 20 厘米，沟深 20 厘米，条播或撒播。采用"宽墒抗旱、抢墒条播或撒播"的播种方式，做到墒平、土细，盖种均匀，盖种厚度 2～3 厘米。播种后及时清沟沥水，防止涝害发生。⑥田间管理技术。a. 病虫害的防治。大麦生长后期主要虫害为蚜虫，应采取"挑治苗蚜、主治穗蚜"的策略，在拔节期、抽穗期用吡蚜酮防治蚜虫 2～3 次。利用蚜虫的趋光性，采用黄色黏稠物诱捕雌性蚜虫。若同时发生锈病、白粉病和蚜虫危害，可选用三唑酮、抗蚜威、磷酸二氢钾等药剂混合喷施，一喷多防。

b. 草害防治。杂草较少时可人工除草，如杂草大面积发生则用无毒无残留的生物农药防治，杂草 2～3 叶时，用爱秀（5% 唑啉草酯乳油）或 25% 绿麦隆兑水喷雾后除草 1 次。c. 鼠害、鸟害防治。大麦成熟早，此时野外鸟和鼠可食作物较少，容易发生鸟害和鼠害。对于鸟害，可采用人工驱鸟、田间扎草人、模拟声音等办法。对于鼠害，可采用人工灭鼠、药物毒鼠等办法，关键要赶在孕穗前的鼠类饥荒时期统一投放敌鼠钠盐毒饵进行诱杀。⑦适期收获。蜡熟末期到完熟期采用机械收割或人工收割，收获后及时晾晒，根据种用、饲用、酿造用等不同用途妥善存放保管。a. 酒用大麦。用于酿造优质大麦白酒，适宜在蜡熟末期至完熟期收获，籽粒外观品质好，色泽鲜亮，有清香味，蛋白质含量稍低，酿造品质佳。b. 饲用大麦。籽粒和干饲草兼用的饲用大麦，在完熟期收获，旨在平衡大麦产量和籽粒蛋白质含量。

4. 云南麦类氮肥减施绿色轻简化栽培技术

入选年度：2023 年

技术单位：云南省农业科学院粮食作物研究所、云南省农业技术推广总站。

主要内容：为倡导绿色有机生产，保护生态环境，减少农户投入，提高耕作效率，围绕质量兴农、绿色兴农，以"两减两提"为目标（即减少化肥用量、减少农药用量，提升化肥利用率、提升农药利用率），近年来在麦类生产上大力推行绿色生产方式，开展"麦类氮肥减施绿色轻简化栽培技术"试验示范，科学、合理、规范施肥，以增加农户收入，增加企业效益，保障食品安全。自 2019 年以来，在科技部重大专项和云南省麦类产业技术体系的支持下，先后在禄丰县（2021 年撤销禄丰县，设立禄丰市）、弥勒市、师宗县等地开展小麦"两减一增"（即减少化肥用量、减少农药用量、增加产量）试验示范，在普洱、文山、玉溪、临沧等地进行小麦氮肥减施小面积试验示范；在丽江、大理、保山等地进行大麦氮肥减施小面积试验示范。该技术适用于云南省内海拔 900～2 400 米的烤烟地、蔬菜地、玉米地、水稻田，同时也适用于云南省内海拔 2 400～3 400 米的一季作物种植区。

技术要点：①品种选择。选择春性半春性品种，适宜品种有云麦 53、云麦 68、云麦 76、云麦 78、云麦 80、云大麦 10 号、云大麦 12 号、云大麦 14 号等。②种子处理。播种前精选种子，种子质量应达到纯度不小于 99.0%，净度不小于 99.0%，发芽率不小于 86%，水分不超过 13%，并在太阳下暴晒 1～2 天。用三唑酮、多菌灵、辛硫磷拌种，防治病虫害。③精细整地。在蔬菜、烤烟、玉米、水稻收获后及时灭茬，每亩撒腐熟的农家肥 400～800 千克，随耕随耙，多蓄秋雨。④巧施种肥。播种沟开好后，播入种子，同时在播种沟里每亩施入尿素 10 千克，复合肥 6～8 千克，硫酸钾 5 千克，覆土镇压。⑤播种期。一般于 10 月中下旬至 11 月上旬播种。海拔 1 900～3 400 米的一季地、二荒地，一般于 6 月中旬或下旬播种。⑥精量播种。成穗率高的品种，或是弱春性品种，每亩人工播种 8～9 千克；春性品种或分蘖弱的品种，每亩播种 9～10 千克。若采用机械播种，每亩播种量增加 2 千克。⑦适时进行中耕除草作业。⑧少食多餐，科学追肥。依据自然降水状况或人工灌溉计划，于小麦拔节期与灌浆期，利用无人机或人工方式每亩施用尿素 5 千克。至小麦抽穗开花期，则采用磷酸二氢钾＋三唑酮＋吡虫啉可湿性粉剂（或替代药剂如氰戊·辛硫磷、啶虫脒、高效氯氟氰菊酯、抗蚜威），实施"一喷三防"叶面施肥与病虫害综合防控措施。⑨防治病害、虫害、雀鸟侵扰、鼠患及杂草。⑩预防后期可能遭遇的低温冻害以及高温导致的早熟现象。

表 4-4　云南省农科院粮作所入选云南省农业主推技术和

云南省农业生产技术指导意见情况

序号	入选类型	技术名称	入选年度（年）
1	云南省主推技术	旱秋麦避旱绿色高产栽培技术	2019
2	云南省农业生产技术指导意见	旱秋麦避旱绿色高产栽培技术指导意见	2020、2023
3	云南省农业生产技术指导意见	旱秋麦避旱高产栽培技术指导意见	2021
4	云南省主推技术	冬青稞高产高效栽培技术	2023
5	云南省主推技术	烤烟-大麦轮作大麦绿色高效栽培技术	2023
6	云南省主推技术	云南麦类氮肥减施绿色轻简化栽培技术	2023

表 4-5　云南省农科院粮作所入选云南省农业主导品种情况

序号	入选类型	品种名称	入选年度（年）
1	云南省主导品种	云大麦 1 号	2014
6	云南省主导品种	云大麦 2 号	2014
7	云南省主导品种	云大麦 12 号	2017
8	云南省主导品种	云大麦 5 号	2017
9	云南省主导品种	云大麦 10 号	2017、2023
10	云南省主导品种	云饲麦 406	2023
11	云南省主导品种	云大麦 14 号	2024

三、主要专著和论文

2000 年以来，云南省农业科学院粮食作物研究所在开展大麦品种选育和配套栽培技术等相关研究的同时，出版了 9 部关于大麦的专著，发表了 22 篇论文（表 4-6）。

表 4-6　云南省农科院粮作所主要专著和论文情况

序号	类型	名称	出版社/期刊	年度（年）
1	专著	云南早秋麦栽培技术	中国农业出版社	2019
2	专著	云南省麦类生产技术问答	中国农业出版社	2020
3	专著	云南主要农作物生产技术问答丛书 麦类（同步翻译成傣文、哈尼文、纳西文、彝文、藏文进行出版）	云南科技出版社	2020
4	专著	云南大麦栽培技术	中国农业出版社	2022
5	论文	云南省不同环境对二棱大麦产量及产量构成因素的影响	大麦与谷类科学	2007
6	论文	CIMMYT 不同棱型大麦产量构成因素及其对产量的影响	西南农业学报	2008
7	论文	大麦新品种"云大麦 1 号"	大麦与谷类科学	2009
8	论文	云南省新选育大麦品种（系）的旱地适应性初步评价	农业科技通讯	2009
9	论文	啤饲大麦新品种"云大麦 2 号"	大麦与谷类科学	2009
10	论文	优质啤饲大麦新品种简介	大麦与谷类科学	2009
11	论文	不同栽培方式对大麦叶片性状的影响	西南农业学报	2010
12	论文	啤饲大麦新品种云大麦 2 号高产稳产性分析	大麦与谷类科学	2011
13	论文	云南 22 个大麦新品种（系）的营养品质分析	大麦与谷类科学	2018
14	论文	云南避旱早秋大麦隐形自然灾害发生和防控	大麦与谷类科学	2018
15	论文	云南田、地 2 种栽培方式对大麦籽粒品质影响的研究	大麦与谷类科学	2018
16	论文	环境与基因型及其互作对云南早秋大麦产量的影响	农业开发与装备	2019
17	论文	高产青稞新品种云大麦 12 号（裸）选育及应用	种子	2020
18	论文	密度和氮肥对'云大麦 12 号'产量、农艺性状及光合特性的影响	分子植物育种	2021

（续）

序号	类型	名称	出版社/期刊	年度（年）
19	论文	鹤庆县大麦生产现状及发展对策	现代农业科技	2022
20	论文	云南省啤酒大麦新品系适应性评价	中南农业科技	2023
21	论文	密度和氮肥对青稞'云大麦12号'品质的影响	中国农学通报	2023
22	论文	高蛋白大麦新品种云饲麦406的选育与栽培技术	大麦与谷类科学	2023
23	论文	抗病高产青稞新品种——云青604	麦类作物学报	2023
24	论文	饲料大麦品种云大麦10号的选育	中国种业	2023
25	论文	48份云南大麦品种（系）氮高效鉴定及分析	分子植物育种	2024
26	论文	高产抗病啤酒大麦新品种——云啤麦511	麦类作物学报	2024

现选取部分内容简要介绍如下。

1. 云南早秋麦栽培技术

出版时间：2019年

出版社：中国农业出版社

主编：程加省、于亚雄。

主要内容：针对云南省大麦、小麦生产常遇到干旱、倒春寒等自然灾害，结合云南生态气候特点，提出了早秋麦避旱抗灾减灾栽培措施，旨在通过该措施实现麦类高产稳产，从而确保云南粮食供应的稳定性。本书全面介绍了云南省麦类概况、云南早秋麦栽培技术、云南各地州早秋麦栽培技术、云南早秋麦的主要病害和虫害、早秋麦生产自然隐形灾害、云南早秋麦适宜品种等内容。

2. 云南省麦类生产技术问答

出版时间：2020年

出版社：中国农业出版社

主编：于亚雄、王志伟、乔祥梅、黄锦。

主要内容：本书结合云南省农业生产一线需要，采用一问一答的编写方式，清晰明了地回答了目前云南省主要农作物小麦和大麦的生产概况，生长发育的基础知识，主栽品种的特性、栽培要点，主要栽培技术中关键具体操作技术以及病虫草害防治技术。同时为了便于读者知悉2016年以来云南省麦类方面有关的农业主推技术，本书编入了麦类方面入选2016—2019年云南省农业主推技术的相关技术标准内容。本书是为促进云南省高原粮仓建设、科技增粮工作而编写的关于麦类作物的实用技术的科技图书，本书出发点与着力点是帮助读者解决目前云南主要农作物麦类的生产技术问题，规范技术使用，提高技术到位率和就位率，推广普及主要农作物麦类生产实用技术，达到依靠科技，提高云南省粮食生产综合能力、提高云南主要农作物麦类产量与产值的目的，促进云南省主要农作物麦类生产上新的台阶。

3. 云南主要农作物生产技术问答丛书　麦类

出版时间：2020 年

出版社：云南科技出版社

主编：于亚雄、王志伟、乔祥梅、黄锦。

出版语言：本书除汉语出版外，同步翻译成傣文、哈尼文、纳西文、彝文、藏文进行出版。

主要内容：本书结合云南省大麦、小麦生产需求，采用一问一答的编写方式，清晰明了地回答了目前云南省大麦、小麦生长发育的基础知识、主栽品种的特性、栽培要点及病虫草害防治技术，帮助读者解决目前云南主要农作物麦类的生产技术问题，规范技术使用，提高大麦、小麦产量水平，促进云南省主要农作物麦类生产迈上新的台阶。同时，本书翻译成云南省 5 种主要少数民族语言进行出版发行，推动云南多民族地区科普工作的发展。

4. 云南大麦栽培技术

出版时间：2022 年

出版社：中国农业出版社

主编：王志龙、于亚雄。

主要内容：为贯彻近年来"绿色、优质、专用、高产、高效"的发展理念，从保障粮食安全、提高农产品质量、推动农业增效益和农民增收入、满足市场消费需求、服务乡村振兴等角度出发，对云南大麦育种与栽培技术进行了相关研究，制定了相关配套栽培技术，取得了一系列的成果。面对云南日益增长的大麦种植面积和产业需求，急需一部针对云南省大麦栽培生产的专业书籍来指导云南的大麦生产。本书主要围绕国内外大麦生产概况、云南各地州大麦栽培技术、云南主要病虫草害及防治措施、云南省主推品种栽培要点等方面进行编写，以期为广大农业科技人员和农户提供参考。

5. CIMMYT 不同棱型大麦产量构成因素及其对产量的影响

发表期刊：西南农业学报

主要结果：对 2004 年至 2007 年云南省 6 个试点共计 146 品种次不同棱型大麦进行产量构成因素变化及其与产量的相关分析和通径分析。结果表明，不同类型大麦的平均产量是六棱＞二棱高秆＞二棱矮秆；有效穗二棱矮秆最高且变异系数最小，六棱最低但变异系数较大；穗粒数是二棱矮秆最低且变异系数最小，六棱大麦最高但变异系数最大；千粒重最高的是二棱高秆且变异系数最小，六棱大麦的千粒重最低。3 种类型大麦 3 因素与产量的相关性大小都是千粒重＞有效穗＞穗粒数；3 因素间的相关性有正有负。偏相关分析同样表明千粒重与产量的偏相关系数最大，所有材料、二棱矮秆、二棱高秆和六棱大麦千粒重每增加 1 个单位，产量分别增加 102.9、68.7、61.8 和 73.8 千克/公顷；同时二棱高秆大麦穗粒数对增产作用也较显著，穗粒数每增加 1 个单位（1 粒），产量增加 86.5 千克/公顷。通径分析表明，产量构成 3 因素的增加均对产量有正向效应，其中千粒重对产量的贡献在 3 种大麦类型中都居第 1 位；二棱矮秆产量 3 因素对产量的间接效应只有穗粒数和千粒重相互间是正值，其余均为负值，二棱高秆和六棱大麦 3 因素对产量的间接通径系数都为负值。

6. 不同栽培方式对大麦叶片性状的影响

发表期刊：西南农业学报

主要结果：以云南省新育成的大麦新品种为试验材料，研究了云南大麦生产中的主要栽培方式，即田、地 2 种方式对大麦叶片性状的影响。结果表明，栽培方式对大麦叶片数量的影响极显著，地麦栽培方式下叶片数明显减少；对旗叶的叶长、叶宽影响不显著，但对叶面积影响极显著；对倒二叶叶长、叶宽、叶面积影响极显著，地麦栽培方式下倒二叶 3 个性状都极显著低于田麦栽培方式，叶片叶绿素含量在地麦栽培方式下，在分蘖期、抽穗期、灌浆期 3 个时期都极显著高于田麦栽培方式，而不同的品种对栽培方式的反应也存在极显著的差异。因而从叶片性状来看，培育适于旱地栽培的大麦新品种是有可能的。

7. 密度和氮肥对‘云大麦 12 号’产量、农艺性状及光合特性的影响

发表期刊：分子植物育种

主要结果：为了解创造全国青稞高产纪录的品种云大麦 12 号的最佳种植密度和氮肥施用量，本研究采用两因素随机区组试验设计，探讨了不同密度和施氮量及互作对云大麦 12 号的产量、农艺性状及光合特性的影响。不同密度对产量影响极显著，对农艺性状均没有显著影响；不同施氮量对产量没有显著影响，仅对单株分蘖有极显著影响；不同密度和施氮量对 4 个光合参数及叶绿素含量均没有显著影响，密氮互作对产量、农艺性状、气孔导度、胞间 CO_2 浓度、蒸腾速率和叶绿素含量影响均不显著，仅对净光合速率有显著影响；种植密度在 85 万株/公顷、施氮量在 112.5 千克/公顷时产量达到最大，这是云大麦 12 号的高产最优密度和氮肥方案。

8. 密度和氮肥对青稞'云大麦 12 号'品质的影响

发表期刊：中国农学通报

主要结果：为探讨不同密度、施氮量及其互作对青稞品质的影响，以全国冬青稞高产纪录新品种云大麦 12 号为材料，采用裂区试验，对不同密度、施氮量及其互作对云大麦 12 号的蛋白质、γ-氨基丁酸、β-葡聚糖、总淀粉、直链淀粉、总黄酮、生物碱和脂肪酸等营养和功能成分品质的影响进行了研究。结果表明：云大麦 12 号的 γ-氨基丁酸、β-葡聚糖和脂酸受密度和施氮量影响小，蛋白质和直链淀粉含量主要受施氮量的影响，总淀粉、总黄酮和生物碱受施氮量和密度的影响均较大。综合来看，云大麦 12 号作为食品特别是功能食品时最佳密氮组合为密度 85 万株/公顷，纯氮 225 千克/公顷。

9. 48 份云南大麦品种（系）氮高效鉴定及分析

发表期刊：分子植物育种

主要结果：为获得云南氮高效大麦品种，本研究以 48 个云南地区主栽大麦品种和新选育的优良品系为供试材料，对不同施氮水平下（不施氮 0 千克/公顷；施氮即正常氮 135 千克/公顷）大麦品种的籽粒产量、基本苗、分蘖数、有效穗、叶绿素、总粒数、空粒数、株高、穗长等性状进行差异分析。结果表明：不同施氮条件下，农艺性状差异较大，其中籽粒产量与有效穗、总粒数和株高呈极显著正相关，与分蘖数呈极显著负相关；主成分分析结果说明适度选用分蘖数低的品种可以提高氮利用效率。根据籽粒产量，将 48 个供试大麦品种分为 4 类：高产氮高效型、高产氮低效型、低产氮高效型和低产氮低效型，其中高产氮高效型的大麦品种最多，分别为云大麦 5 号、云大麦 6 号、云大麦 10 号、云大麦 20YD（二）- 9、云啤麦 511、云啤麦 512、云啤麦 513、云饲麦 406、云饲麦 407、云饲麦 409、云饲麦 410、云饲麦 412、云青 604、保饲麦 29 号、凤饲麦 3 号、凤 19 - 13、靖大麦 8 号、云饲麦 16 号、云饲麦 MF19 - 24 和 V43，本研究对云南大麦氮高效品种的选育和推广应用具有一定的参考价值。

四、其他主要知识产权

2000 年以来，云南省农业科学院粮食作物研究所也取得了一些专利、团体标准、地方标准、软件著作权等知识产权（表 4 - 7）。

表4-7 云南省农科院粮作所大麦方面其他主要知识产权

序号	成果类型	名称	年度（年）
1	实用新型专利	一种大麦整穗发芽用鉴定装置	2022
2	团体标准	青稞云大麦12号丰产栽培技术规范	2022
3	团体标准	云南大麦良种繁育技术规程	2022
4	团体标准	大麦种子田间检验技术规程	2022
5	团体标准	麦类湿烂田飞播浅旋播种技术规程	2023
6	团体标准	青贮大麦高产高效栽培技术规程	2023
7	团体标准	优质饲料大麦绿色高效栽培技术规程	2023
8	地方标准	云大麦10号栽培技术规程	2024
9	地方标准	云大麦14号栽培技术规程	2024
10	软件著作权	大麦种植用定量播种管理系统V1.0	2023
11	软件著作权	大麦育种系谱溯源系统V1.0	2023

第三节 云南省农业科学院粮食作物研究所品种介绍

自2017年起至今，云南省农业科学院粮食作物研究所累计育成通过国家非主要农作物品种登记的大麦（青稞）品种共29个，另有4个品种已经通过农业农村部初审，共计33个品种，其中饲料大麦13个，啤酒大麦13个，冬青稞品种4个，青贮专用大麦品种3个，为云南省的大麦生产做出了突出的贡献。为了方便读者了解育成品种的特性，以选择合适的品种进行试种推广，现将品种简要信息介绍如下。

一、饲料大麦品种介绍

1. 云大麦1号

（1）登记情况：2004年育成，原品系代号04YD-6或楚引大-13，2008年4月通过云南省级田间鉴评；2013年通过云南省级登记（登记编号：滇登记大麦2013014号）；2020年通过国家非主要农作物品种登记〔登记编号：GPD大麦（青稞）（2020）530010〕。

（2）品种来源：ATACO/ACHIRA//HIGO/3/VORR/4/CHAMICO。

（3）选育方法：从 2002 年引进的国际玉米小麦改良中心第 30 届国际大麦观察圃（30th IBOB）中通过系统选育法选育。

（4）选育单位：云南省农业科学院粮食作物研究所、楚雄彝族自治州农业科学研究推广所。

（5）主要育种者：于亚雄、邹萍、杨金华、和立宣、程加省、王志伟、陈朝良、和忠、程耿、胡银星、刘琼娣等。

（6）入选主导品种年份：2014 年入选云南省农业主导品种。

（7）特征特性：该品种属饲、啤兼用型六棱大麦，弱春性。幼苗半直立，分蘖力中上等，株型紧凑。茎秆中粗，株高适中，整齐度好，熟相好，成熟时穗低垂，株高 89 厘米。生育期 155 天，比 V43 早熟 3～5 天。长芒，白壳，每穗粒数 48 粒，千粒重 40.3 克*。蛋白质含量 12.4%，淀粉含量 54.5%，赖氨酸含量 0.44%，β-葡聚糖含量 3.53%。抗条纹病，抗条锈病，中抗白粉病。

（8）产量：2004—2006 年连续两年参加云南省多点试验，2004—2005 年度平均亩产 400.1 千克，比对照增产 9.8%，居第 1 位。2005—2006 年度平均亩产 356.9 千克，比对照增产 0.2%，产量排名第 7 位。两年平均亩产 378.5 千克，比对照 S500 每亩增产 5%。

（9）适宜种植区域及季节：适合在云南省海拔 1 400～2 300 米的大麦生产区于 10 月中旬至 11 月下旬种植。

2. 云大麦 3 号

（1）登记情况：2011 年育成，原品系代号 11YD‑9，2015 年通过云南省级鉴定（鉴定编号：云种鉴定 2015007 号）；2020 年通过国家非主要农作物品种登记［登记编号：GPD 大麦（青稞）（2020）530012］。

（2）品种来源：BOLDO/MJA//CABUYA/3/CHAMICO/TOCTE//CONGONA。

（3）选育方法：从 2006 年引入的 34 届国际大麦观察圃（34 IBON）中系统选育出的大麦品种。

（4）选育单位：云南省农业科学院粮食作物研究所。

（5）主要育种者：杨金华、于亚雄、程加省、王志伟、乔祥梅、程耿、胡银星、黄锦等。

（6）特征特性：六棱饲用大麦，弱春性。幼苗半匍匐，株型紧凑，茎秆粗

---

* 生育期、千粒重等数据均是根据各试点提供的数据平均计算得出。——编者注

壮，植株整齐，穗层整齐。成熟时穗低垂，熟相好。株高 72 厘米。生育期 146 天，是 2011—2012 年度参试品种中成熟期最早的品种。成穗率 67.0%，穗粒数 53 粒，结实率 87.4%。穗长 6.7 厘米，千粒重 40.2 克，中感白粉病。蛋白质含量 12.9%，淀粉含量 46.1%，赖氨酸含量 0.42%，β-葡聚糖含量 3.54%。抗条纹病，抗条锈病，中感白粉病。

（7）产量：2010—2011 年参加云南省农业科学院粮食作物研究所多点品比试验，平均亩产 378.0 千克，比对照增产 14.6%。2011—2012 年参加云南省饲料大麦区试，平均亩产 366.8 千克，比对照总平均产量增产 0.3%。

（8）适宜种植区域及季节：适合在云南省海拔 900～2 400 米的大麦生产区于 10 月中下旬至 11 月中旬种植。

3. 云大麦 5 号

（1）登记情况：2008 年育成，原品系代号 08YD - 4，2012 年 4 月 9 日通过云南省级田间鉴评；2013 年通过云南省级登记（登记编号：滇登记大麦 2013017 号）；2020 年通过国家非主要农作物品种登记〔登记编号：GPD 大麦（青稞）（2020）530014〕。

（2）品种来源：GOB/ALELI//CANELA/3/MSEL。

（3）选育方法：从 2004 年引自 CIMMYT/ICARDA 合作项目第 32 届国际大麦观察圃中的 F_4 代材料中通过系统选育法选育出的大麦品种。

（4）选育单位：云南省农业科学院粮食作物研究所。

（5）主要育种者：于亚雄、杨金华、程加省、王志伟、程耿、胡银星、刘琼娣等。

（6）入选主导品种年份：2017 年入选云南省农业主导品种。

（7）特征特性：饲用，幼苗直立，六棱，株高 76 厘米，生育期 153 天，比对照晚熟 4 天。穗粒数 44 粒，千粒重 39.6 克。蛋白质含量 12.4%，淀粉含量 48.5%，赖氨酸含量 0.38%，β-葡聚糖含量 3.56%。抗条纹病，抗条锈病，高抗白粉病。

（8）产量：2009—2010 年度参加云南省饲料大麦区域试验，平均亩产 410.8 千克，比对照增产 15.2%，居第 2 位。2010—2011 年度参加云南省饲料大麦区域试验，平均亩产 445.9 千克，比对照增产 15.7%，居第 5 位。两年平均亩产 428.4 千克，比对照增产 15.4%，居第 3 位，增产点次率为 83%。

（9）适宜种植区域及季节：适合在云南省海拔 700～2 400 米的大麦生产区于 10 月中下旬至 11 月中旬种植。

4. 云大麦 10 号

（1）登记情况：2012 年育成，原品系代号 12YD－10，2014 年通过云南省级登记（登记编号：滇登记大麦 2014 002 号）；2020 年通过国家非主要农作物品种登记［登记编号：GPD 大麦（青稞）（2020）530019］。

（2）品种来源：云大麦 1 号/06YD－6。

（3）选育方法：杂交选育。

（4）选育单位：云南省农业科学院粮食作物研究所。

（5）主要育种者：于亚雄、杨金华、程耿、王志伟、程加省、乔祥梅、胡银星、刘琼娣等。

（6）入选主导品种年份：2017 年入选云南省农业主导品种；2023 年度入选云南省农业主导品种；2023 年入选玉溪市农业主导品种。

（7）特征特性：六棱饲用大麦，弱春性，幼苗半匍匐，无花青素。穗长 7.6 厘米，穗粒数 49 粒，结实率 92.5%，株高 60 厘米，千粒重 34.3 克。全生育期 174 天，生育期较晚。蛋白质含量 12.8%，淀粉含量 58.0%，赖氨酸含量 0.41%，β-葡聚糖含量 3.38%。抗条纹病，抗条锈病，高抗白粉病，是一个粮草双高的品种。

（8）产量：2011—2012 年度参加云南省农业科学院粮食作物研究所多点品比试验，平均亩产 192.3 千克，比对照增产 17.3%。2012—2013 参加云南省饲料大麦区域试验，平均亩产 344.3 千克，比对照增产 13.7%。

（9）适宜种植区域及季节：适合在云南省海拔 700～2 400 米的大麦生产区于 10 月中下旬至 11 月中旬种植。

（10）品种使用权转让：2023 年云大麦 10 号品种使用权被永久转让给楚雄州供销社农业生产资料有限公司。

5. 云大麦 11 号

（1）登记情况：2012 年育成，原品系代号 12YD－11，2014 年通过云南省级登记（登记编号：滇登记大麦 2014003 号）；2020 年通过国家非主要农作物品种登记［登记编号：GPD 大麦（青稞）（2020）530020］。

（2）品种来源：云大麦 1 号/06YD－9。

（3）选育方法：杂交选育。

（4）选育单位：云南省农业科学院粮食作物研究所。

（5）主要育种者：杨金华、于亚雄、王志龙、王志伟、李锦秀、程耿、乔祥梅、程加省等。

（6）特征特性：六棱饲用大麦，弱春性，幼苗半匍匐，无花青素。茎秆粗壮，植株整齐，熟相好。株高 63 厘米，较适中。抗倒伏性强，生育期 148 天。穗粒数 52 粒，实粒数 42 粒，结实率 79.3%。穗长 6.8 厘米，千粒重 39.9 克。蛋白质含量 13.4%，淀粉含量 45.4%，赖氨酸含量 0.37%，β-葡聚糖含量 3.52%。抗条纹病，抗条锈病，中感白粉病。

（7）产量：2011—2012 年度参加云南省农业科学院粮食作物研究所组织的云南省内多点品比试验，平均亩产 198.5 千克，比对照增产 21.0%。2012—2013 年度参加云南省饲料大麦区域试验，平均亩产 318.4 千克，比对照增产 5.2%。

（8）适宜种植区域及季节：适合在云南省海拔 900～2 400 米的大麦生产区于 10 月中下旬至 11 月中旬种植。

6. 云饲麦 406

（1）登记情况：2015 年育成，原品系代号云大麦 15YD-9，2022 年通过国家非主要农作物品种登记 ［登记编号：GPD 大麦（青稞）（2022）530012］。

（2）品种来源：云大麦 1 号/06YD-6。

（3）选育方法：杂交选育。

（4）选育单位：云南省农业科学院粮食作物研究所。

（5）主要育种者：王志龙、乔祥梅、杨金华、于亚雄、王志伟、程耿、程加省、杨镇鹏等。

（6）入选主导品种年份：2023 年度入选云南省农业主导品种。

（7）特征特性：六棱大麦，弱春性，幼苗半匍匐，无花青素，株型紧凑，茎秆粗壮。株高 88 厘米，较适中。全生育期 151 天，与对照 V43 同期成熟。基本苗 17.3 万株/亩，最高分蘖 52.6 万个/亩，有效穗 29.2 万个/亩。穗粒数 54 粒，实粒数 47 粒，结实率 87%。穗长 7.3 厘米，千粒重 37.5 克。蛋白质含量 20.47%，淀粉含量 52.22%，赖氨酸含量 2.28%，β-葡聚糖含量 1.33%。抗条锈病，中抗白粉病。

（8）产量：2015—2016 年度参加云南省饲料大麦区域试验，平均亩产 370.9 千克，比对照增产 0.49%，增产不显著，增产点次为 3/7，居第 5 位。2016—2017 年度参加云南省饲料大麦区域试验，平均亩产 367.5 千克，较 V43 增产 12.6%，增产达极显著水平，增产点次为 5/7，居第 3 位。两年平均亩产 369.2 千克，较 V43 增产 6.2%，增产不显著，居第 4 位。

（9）适宜种植区域及季节：适合在云南省海拔 900～2 400 米的大麦生产

区于 10 月中下旬至 11 月中旬种植。

7. 云饲麦 407

（1）登记情况：2015 年育成，原品系代号德 15BW－18，2022 年通过国家非主要农作物品种登记 [登记编号：GPD 大麦（青稞）（2022）530013]。

（2）品种来源：云大麦 1 号/07BD－11。

（3）选育方法：杂交选育。

（4）选育单位：云南省农业科学院粮食作物研究所、德宏州农业科学研究所。

（5）主要育种者：杨金华、唐李军、王志龙、杨俊华、于亚雄、陈以相、王志伟、乔祥梅、程加省、程耿、高映菊等。

（6）特征特性：六棱，分蘖力一般，抽穗整齐，植株紧凑，群体结构好，穗层整齐。成熟落黄及田间熟相好，穗色和芒色为黄色，粒色为黄色，粒形为纺锤形，株高 88 厘米。生育期 151 天，较对照早熟 4 天。基本苗 16.8 万株/亩，最高分蘖 43.9 万株/亩，有效穗 27.5 万株/亩。穗粒数 48 粒，实粒数 42 粒，结实率 89%。穗长 6.7 厘米，千粒重 47.3 克。蛋白质含量 14.71%，淀粉含量 37.77%，赖氨酸含量 1.71%，β-葡聚糖含量 0.78%。抗条锈病，感白粉病。

（7）产量：2016—2017 年度参加云南省饲料大麦区域试验，平均亩产 361.3 千克，比对照增产 10.8%，增产极显著，增产点次为 6/7，居 10 个参试品种的第 6 位。2017—2018 年度参加云南省饲料大麦区域试验，平均亩产 457.4 千克，较对照增产 5.7%，增产极显著，增产点次为 4/7，居 13 个参试品种的第 4 位。两年平均亩产为 409.4 千克，比对照增产 7.9%，增产不显著，增产点次为 10/14。

（8）适宜种植区域及季节：适合在云南省海拔 900～2 400 米的大麦生产区于 10 月中下旬至 11 月中旬种植。

8. 云饲麦 408

（1）登记情况：2017 年育成，原品系代号云大麦 17YD（六）－1，2022 年通过国家非主要农作物品种登记 [登记编号：GPD 大麦（青稞）（2022）530028]。

（2）品种来源：云大麦 1 号/07BL1－81。

（3）选育方法：杂交选育。

（4）选育单位：云南省农业科学院粮食作物研究所。

（5）主要育种者：王志伟、王志龙、乔祥梅、程耿、程加省、于亚雄等。

（6）特征特性：六棱皮大麦，幼苗半直立，分蘖力中等。叶淡绿色，叶片宽、平展，株型紧凑，叶耳白色。穗层整齐，穗姿直立或半直立，穗和芒呈黄色，熟相好。籽粒饱满，大小中等，均匀，淡黄色，长圆形。株高 90 厘米，生育期 157 天，较对照早熟 2 天。基本苗 15.7 万株/亩，最高分蘖 45.8 万个/亩，有效穗 27.9 万个/亩。穗粒数 51 粒，实粒数 45 粒，结实率 86.5%。穗长 6.4 厘米，千粒重 45.4 克。蛋白质含量 20.96%，总淀粉含量 54.02%，β-葡聚糖含量 0.79%，赖氨酸含量 2.10 微摩尔/克。高抗条锈病，中抗白粉病。

（7）产量：2017—2018 年度参加云南省饲料大麦区域试验，平均亩产 449.4 千克，比对照增产 3.8%，增产不显著，增产点次为 4/7。2018—2019 年度参加云南省饲料大麦区域试验，平均亩产 421.1 千克，比对照减产 0.05%，减产不显著。两年云南省饲料大麦区域试验平均亩产为 435.2 千克，比对照增产 1.9%，增产不显著，增产点次为 6/14，居第 5 位。

（8）适宜种植区域及季节：适合在云南省海拔 900～2 400 米的大麦生产区于 10 月中下旬至 11 月中旬种植。

9. 云饲麦 409

（1）登记情况：2017 年育成，原品系代号云大麦 17YD（六）-6，2022 年通过国家非主要农作物品种登记［登记编号：GPD 大麦（青稞）（2022）530029］。

（2）品种来源：09B5-1/10B5-7。

（3）选育方法：杂交选育。

（4）选育单位：云南省农业科学院粮食作物研究所。

（5）主要育种者：王志伟、王志龙、程耿、程加省、乔祥梅、于亚雄等。

（6）特征特性：六棱皮大麦，幼苗直立，分蘖力较强。叶淡绿色，叶宽中等、平展，株型紧凑，叶耳白色，茎叶蜡质多。穗层整齐，穗姿半直立或水平，穗和芒呈黄色，熟相较好。籽粒淡黄色，长圆形。株高 84 厘米，抗倒伏。生育期 159 天。基本苗 15.8 万株/亩，最高分蘖 50.0 万个/亩，有效穗 28.8 万个/亩。穗粒数 54 粒，实粒数 49 粒，结实率 88.6%。穗长 7.5 厘米，千粒重 41.1 克。蛋白质含量 16.0%，总淀粉含量 50.76%，β-葡聚糖含量 1.26%，赖氨酸含量 2.47 微摩尔/克。高抗条锈病，中感白粉病。

（7）产量：2017—2018 年度参加云南省饲料大麦区域试验，平均亩产 471.7 千克，比对照增产 9.0%，增产极显著，增产点次为 5/7，居 13 个参试品种的第 1 位。2018—2019 年度参加第 2 年度云南省饲料大麦区域试验，7 试点平均亩产 436.2 千克，较对照增产 3.5%，增产不显著，增产点次为 5/7，居 12 个参试品种的第 4 位。两年云南省饲料大麦区试结果，平均亩产为 454.0 千克，比对照增产 6.3%，增产不显著，增产点次为 10/14，居第 2 位。

（8）适宜种植区域及季节：适合在云南省海拔 900～2 400 米的大麦生产区于 10 月中下旬至 11 月中旬种植。

10. 云饲麦 410

（1）登记情况：2018 年育成，原品系代号云大麦 18YD（六）－1，2022 年通过国家非主要农作物品种登记［登记编号：GPD 大麦（青稞）（2022）530030］。

（2）品种来源：云大麦 1 号/凤大麦 5 号。

（3）选育方法：杂交选育。

（4）选育单位：云南省农业科学院粮食作物研究所。

（5）主要育种者：王志龙、程耿、程加省、乔祥梅、王志伟、于亚雄等。

（6）特征特性：六棱皮大麦，幼苗直立，分蘖力中等。叶绿色，叶片宽，叶姿直立，株型紧凑，叶耳白色，茎叶蜡质多。穗层整齐，穗姿半直立，穗和芒呈黄色，熟相好。籽粒饱满，大小均匀，黄色。株高 84 厘米，较对照 V43（90 厘米）矮 6 厘米。生育期 154 天，较对照 V43（157 天）早 3 天成熟。基本苗 16.5 万株/亩，最高分蘖 49.3 万个/亩，有效穗 28.2 万个/亩。穗粒数 56 粒，实粒数 50 粒，结实率 89.5%。穗长 6.1 厘米，千粒重 40.5 克。蛋白质含量 19.68%，总淀粉含量 58.65%，β-葡聚糖含量 1.10%，赖氨酸含量 2.33 微摩尔/克。高抗条锈病，中抗白粉病。

（7）产量：2018—2019 年度参加云南省饲料大麦区域试验，平均亩产 447.6 千克，比对照增产 6.2%，增产极显著，增产点次为 4/7，居 12 个参试品种的第 3 位。2019—2020 年度参加云南省饲料大麦区域试验，平均亩产 496.03 千克，比对照增产 0.55%，增产不显著，增产点次为 5/6，居 13 个参试品种的第 5 位。两年云南省饲料大麦区试结果，平均亩产为 471.82 千克，比对照增产 3.81%，增产不显著，增产点次为 9/13，居第 2 位。

（8）适宜种植区域及季节：适合在云南省海拔 900～2 400 米的大麦生产区于 10 月中下旬至 11 月中旬种植。

11. 云饲麦 411

（1）登记情况：2018 年育成，原品系代号云大麦 18YD（六）－3，2023 年通过国家非主要农作物品种登记［登记编号：GPD 大麦（青稞）（2023）530015］。

（2）品种来源：09B5－1/09BD－30（保）。

（3）选育方法：杂交选育。

（4）选育单位：云南省农业科学院粮食作物研究所。

（5）主要育种者：乔祥梅、王志龙、程耿、王志伟、程加省、于亚雄等。

（6）特征特性：六棱皮大麦，饲料用常规品种，半冬性。生育期153天。株型半紧凑，植株半矮秆，株高82.00厘米，穗长6.50厘米。叶绿色，叶片蜡质缺失，叶姿直立，幼苗直立。分蘖数中等，穗密度中等，单株穗数2.01个，每穗结实49.2粒，单株粒重1.74克，千粒重35.40克。籽粒较大，籽粒黄色，粒长圆形。蛋白质含量18.59%，总淀粉含量41.95%，β-葡聚糖含量1.20%，赖氨酸含量2.35微摩尔/克。高抗条锈病，中抗白粉病。

（7）产量：2018—2019年度参加云南省饲料大麦区域试验，平均亩产458.2千克，比对照增产8.8%，增产极显著，增产点次为6/7，居12个参试品种的第2位。2019—2020年度参加云南省饲料大麦区域试验，6试点平均亩产503.15千克，比对照增产1.99%，增产不显著，增产点次为4/6，居13个参试品种的第3位。两年云南省饲料大麦区试结果，平均亩产480.68千克，比对照增产5.76%，增产不显著，增产点次率为10/13，居第1位。

（8）适宜种植区域及季节：适合在云南省海拔900～2 400米的大麦生产区于10月中下旬至11月中旬种植。

12. 云饲麦412

（1）登记情况：2020年育成，原品系代号云大麦20YD（六）－7，2024年通过国家非主要农作物品种登记［GPD大麦（青稞）（2024）530022］。

（2）品种来源：V43/11YD－9。

（3）选育方法：杂交选育。

（4）选育单位：云南省农业科学院粮食作物研究所。

（5）主要育种者：王志龙、王志伟、程加省、刘列、乔祥梅、于亚雄、程耿等。

（6）特征特性：幼苗直立，分蘖力中等。叶绿色，叶宽中等，叶姿平展，株型松散，叶耳白色，茎叶蜡质多。六棱皮大麦，穗层整齐，穗姿水平至半直立，穗和芒呈黄色，熟相好。籽粒饱满，大小均匀，淡黄色，椭圆形。基本苗19.0万株/亩，最高茎蘖数41.6万个/亩，有效穗29.6万个/亩，株高79.9厘米，穗长6.4厘米，千粒重41.9克。每穗总粒数50粒，实粒数49粒，结实率98%，生育期146天。蛋白质含量9.74%，淀粉含量51.42%，β-葡聚糖含量

4.24％，赖氨酸含量 0.35％。高抗条锈病，中抗白粉病。

（7）产量：2020—2021 年度参加云南省饲料大麦区域试验，平均亩产 410.32 千克，比对照增产 4.49 千克，增产 1.11％，增产不显著，居 14 个参试品种的第 7 位。2021—2022 年度参加云南省饲料大麦区域试验，平均亩产 420.56 千克，比对照增产 17.29 千克，增产 4.29％，居 12 个参试品种的第 1 位。

（8）适宜种植区域及季节：适合在云南省海拔 900～2 400 米的大麦生产区于 10 月中下旬至 11 月中旬种植。

13. 云饲麦 413

（1）登记情况：2021 年育成，原品系代号云大麦 21YD（六）－4，2024 年推荐国家非主要农作物品种登记。

（2）品种来源：凤大麦 5 号/11YD－13。

（3）选育方法：杂交选育。

（4）选育单位：云南省农业科学院粮食作物研究所。

（5）主要育种者：王志龙、王志伟、乔祥梅、程耿、刘列、程加省、于亚雄、黄廷芝、张炳英等。

（6）特征特性：幼苗直立，分蘖力较强。叶绿色，叶宽中等，叶姿直立，株型紧凑，叶耳白色，茎叶蜡质多。多棱皮大麦，穗层整齐，穗姿半直立，穗和芒呈黄色，熟相好。籽粒饱满，大小均匀，黄色，卵圆形。基本苗 18.23 万株/亩，最高茎蘖数 53.56 万个/亩，单株分蘖数 2.92 个，有效穗 27.80 万个/亩，成穗率 62.30％，单株有效穗 1.76 个。株高 72.54 厘米，穗长 5.92 厘米，穗粒数 45.67 粒，千粒重 37.74 克，单株产量 2.55 克，生育期 150 天。品种丰产稳产性分析评价为"好"。蛋白质含量 6.89％，淀粉含量 55.03％，β-葡聚糖含量 4.00％，赖氨酸含量 0.29％。高抗条锈病，抗白粉病，高抗条纹病。

（7）产量：2021—2022 年度云南省饲料大麦良种区域试验，平均亩产 408.10 千克，居第 5 位，比对照增产 4.83 千克，增产 1.20％。2022—2023 年度云南省饲料大麦良种区域试验，平均亩产 371.27 千克，居第 2 位，比对照增产 15.16 千克，增产 4.26％。两年云南省饲料大麦良种区域试验汇总，平均亩产 389.68 千克，居第 1 位，比对照增产 10.00 千克，增产率 2.63％。

（8）适宜种植区域及季节：适合在云南省海拔 1 400～2 000 米的大麦生产区于 10 月中下旬至 11 月中旬种植。

二、啤酒大麦品种介绍

1. 云大麦 2 号

（1）登记情况：2010 年通过云南省级田间鉴评；2013 年通过云南省品种登记（登记编号：滇登记大麦 2013015 号）；2020 年通过国家非主要农作物品种登记［登记编号：GPD 大麦（青稞）（2020）530011］。

（2）品种来源：ESCOBA/3/MOLA/SHYTI//ARUPO＊2/JET/4/ALELI。

（3）选育方法：系云南省农业科学院粮食作物研究所麦类常规课题组和保山市农业科学研究所合作，于 2002 年从 CIMMYT/ICARDA 引进的第 11 届早熟大麦筛选圃中选育出的一个啤饲兼用大麦新品种。

（4）选育单位：云南省农业科学院粮食作物研究所、保山市农业科学研究所。

（5）主要育种者：于亚雄、杨金华、郑家文、杨国敏、程加省、刘猛道、王志伟、程耿、胡银星、刘琼娣、尹开庆等。

（6）入选主导品种年份：2014 年入选云南省农业主导品种。

（7）特征特性：啤用。二棱大麦，弱春性，幼苗半匍匐。叶色深绿，株型紧凑，分蘖力强，有效穗多。株高 75 厘米，极抗倒伏，穗长 6.5 厘米。全生育期 155 天左右，灌浆期、成熟期耐旱性稍差。耐肥性好，要求高肥力种植。两侧小花退化明显，含极少量花青素。发芽率 99％，饱满粒率 97.5％，蛋白质含量 10.2％，麦芽浸出率 78.9％，糖化力 160WK，α-氨基氮含量 1 540 毫克/千克，库尔巴哈值 41.2％。抗条纹病，抗条锈病，中抗白粉病。

（8）产量：2007—2009 年云南省啤饲大麦品种区域试验中，两年平均亩产 368.5 千克，比对照增产 4.8％。

（9）适宜种植区域及季节：适合在云南省海拔 900～2 400 米的大麦生产区于 10 月中下旬至 11 月中旬种植。

2. 云大麦 4 号

（1）登记情况：原品系代号 07YD-8，2011 年 4 月 17 日通过专家田间鉴评；2013 年通过云南省品种登记（登记编号：滇登记大麦 2013016 号）；2020 年通过国家非主要农作物品种登记［登记编号：GPD 大麦（青稞）（2020）530013］。

（2）品种来源：TRIUMPH - BAR/TYRA//ARUPO＊2/ABN　B/3/CANELA/4/MSEL。

（3）选育方法：从 2004 年引进的第 32 届国际大麦观察圃编号为 32nd IBON-233 的材料中系统选育。

（4）选育单位：云南省农业科学院粮食作物研究所。

（5）主要育种者：于亚雄、邹萍、杨金华、程加省、陈朝良、王志伟、程耿、胡银星、刘琼娣等。

（6）特征特性：啤用。幼苗直立，二棱，株高 82.1 厘米，生育期 156 天。穗粒数 21 粒，千粒重 44.6 克，发芽率 100%，饱满粒率 99.5%。蛋白质含量 12.4%，麦芽浸出率 80.2%，糖化力 296WK，α-氨基氮含量 1 750 毫克/千克，库尔巴哈值 45.0%。抗条纹病，抗条锈病，高抗白粉病。

（7）产量：2007—2008 年度云南省第 1 届大麦良种区域试验，平均亩产 367.3 千克，较对照增产 8.7%，居第 3 位。2008—2009 年度云南省大麦良种区域试验，平均亩产 437.6 千克，较对照增产 20.0%，居第 1 位。两年平均亩产 402.4 千克，比对照增产 14%，居第 1 位，增产点百分数为 75%。

（8）适宜种植区域及季节：适合在云南省海拔 700～2 400 米的大麦生产区于 10 月中下旬至 11 月中旬种植。

3. 云大麦 6 号

（1）登记情况：原品系代号 09YD-9，2012 年 4 月 9 日通过云南省级专家田间鉴评；2013 年通过云南省品种登记（登记编号：滇登记大麦 2013018 号）；2020 年通过国家非主要农作物品种登记［登记编号：GPD 大麦（青稞）（2020）530015］。

（2）品种来源：TARUPO/K8755//MORA/3/ARUPO/K8755//MORA/4/ALELI。

（3）选育方法：从 2002 年引进的第 30 届国际大麦观察圃编号为 30 IBON-205 的材料中系统选育。

（4）选育单位：云南省农业科学院粮食作物研究所。

（5）主要育种者：杨金华、于亚雄、程加省、王志伟、程耿、胡银星、刘琼娣等。

（6）特征特性：啤用。幼苗半匍匐，二棱，株高 64 厘米，生育期 156 天，穗粒数 24 粒，千粒重 46.9 克。发芽率 99%，饱满粒率 98.9%，蛋白质含量 12.2%，麦芽浸出率 79.3%，糖化力 260WK，α-氨基氮含量 1 590 毫克/千克，库尔巴哈值 40.4%。抗条纹病、抗条锈病，中抗白粉病。

（7）产量：2009—2010 年度云南省大麦良种区域试验，平均亩产 400.6 千克，较对照增产 12.3%，居第 3 位。2010—2011 年度云南省大麦良种区域试验，平均亩产 486.1 千克，较对照增产 26.1%，居第 2 位。两年平均亩产 443.4 千克，比对照增产 19.5%，居第 2 位，增产点次率为 100%。

（8）适宜种植区域及季节：适合在云南省海拔 700～2 400 米的大麦生产区于 10 月中下旬至 11 月中旬种植。

4. 云大麦 7 号

（1）登记情况：2009 年育成，原品系代号 09YD - 5，2013 年通过云南省品种登记（登记编号：滇登记大麦 2013018 号）；2020 年通过国家非主要农作物品种登记［登记编号：GPD 大麦（青稞）（2020）530015］。

（2）品种来源：ABN - B/KC - B//RAISA/3/ALELI/4/SHYRI/ALELI/5/TOCTE//GOB/HUMAI10/3/ATAH92/ALELI。

（3）选育方法：从 2006 年引进的第 34 届国际大麦观察圃中系统选育。

（4）选育单位：云南省农业科学院粮食作物研究所。

（5）主要育种者：杨金华、于亚雄、程加省、王志伟、程耿、胡银星、刘琼娣等。

（6）特征特性：啤用。幼苗半匍匐，二棱，株高 65 厘米，生育期 153 天。穗粒数 23 粒，千粒重 47.9 克，在参试品种中千粒重最高。发芽率 100%，饱满粒率 98.6%，蛋白质含量 11.9%，麦芽浸出率 79.5%，糖化力 230WK，α-氨基氮含量 1 570 毫克/千克，库尔巴哈值 41.2%。抗条纹病，抗条锈病，中抗白粉病。

（7）产量：2009—2010 年度云南省大麦良种区域试验，平均亩产 340.9 千克，较对照减产 4.4%，居第 9 位。2010—2011 年度云南省大麦良种区域试验，平均亩产 451.8 千克，较对照增产 17.2%，居第 4 位。两年平均亩产 396.4 千克，比对照增产 6.8%，居第 8 位，增产点百分率为 75%。

（8）适宜种植区域及季节：适合在云南省海拔 700～2 000 米的大麦生产区于 10 月中下旬至 11 月中旬种植。

5. 云大麦 8 号

（1）登记情况：2009 年育成，原品系代号 09YD - 6，2013 年通过云南省品种登记（登记编号：滇登记大麦 2014020 号）；2020 年通过国家非主要农作物品种登记［登记编号：GPD 大麦（青稞）（2020）530017］。

（2）品种来源：CONDOR - BAR/3/PATTY.B/RUDA//ALELI/4/ALELI/5/ARUPO/K8755//MORA。

（3）选育方法：从 2006 年引进的第 34 届国际大麦观察圃中系统选育。

（4）选育单位：云南省农业科学院粮食作物研究所。

（5）主要育种者：杨金华、于亚雄、程耿、王志伟、程加省、王志龙、乔祥梅等。

（6）特征特性：啤用。幼苗半匍匐，二棱，株高 66 厘米，生育期 152 天。穗粒数 23 粒，千粒重 45.9 克。发芽率 98％，饱满粒率 92.6％，蛋白质含量 12.2％，麦芽浸出率 77.9％，糖化力 309WK，α-氨基氮含量 1 810 毫克/千克，库尔巴哈值 40.8％。抗条纹病，高抗条锈病，中抗白粉病。

（7）产量：2009—2010 年度云南省大麦良种区域试验，平均亩产 393.2 千克，较对照增产 10.2％，居第 4 位。2010—2011 年度云南省大麦良种区域试验，平均亩产 452.3 千克，较对照增产 17.3％，居第 3 位。两年平均亩产 422.8 千克，比对照增产 13.9％，居第 4 位，增产点百分率为 83％。

（8）适宜种植区域及季节：适合在云南省海拔 900～2 000 米的大麦生产区于 10 月中下旬至 11 月中旬种植。

6. 云大麦 9 号

（1）登记情况：2012 年育成，原品系代号 12YD-2，2014 年通过云南省品种登记（登记编号：滇登记大麦 2014001 号）；2020 年通过国家非主要农作物品种登记［登记编号：GPD 大麦（青稞）（2020）530018］。

（2）品种来源：云大麦 2 号/07BL1-3。

（3）选育方法：杂交选育。

（4）选育单位：云南省农业科学院粮食作物研究所。

（5）主要育种者：杨金华、于亚雄、程耿、程加省、王志伟、胡银星、乔祥梅、刘琼娣等。

（6）特征特性：啤用。二棱皮大麦，幼苗半匍匐，苗期长势强。叶大小中等，叶绿色，平展，叶耳紫色。株高 78.0 厘米，适宜机械化收获，茎秆蜡质多，茎秆偏细，穗芒呈黄色。成穗率中等，穗棒形，中穗型，籽粒黄色卵圆形。穗长 6.6 厘米，每穗总粒数 24.3 粒，实粒数 22.6 粒，结实率 92.0％，千粒重 47.6 克。田间综合评价中上等，抗倒伏，熟相好，抗旱性强，抗寒性弱。发芽率 99％，饱满粒率 97.5％，蛋白质含量 10.2％，麦芽浸出率 78.9％，糖化力 319WK，α-氨基氮含量 1 680 毫克/千克，库尔巴哈值 41.2％。抗条纹病，抗条锈病，中抗白粉病。

（7）产量：2012—2013 年度啤酒大麦区域试验，平均亩产 430.9 千克，居第 6 位，比对照增产 2.4%，增产点次占比 66.7%。

（8）适宜种植区域及季节：适合在云南省海拔 900～2 400 米的大麦生产区于 10 月中下旬至 11 月中旬种植。

7. 云大麦 13 号

（1）登记情况：2013 年育成，原品系代号 13YD-7，2015 年通过云南省品种鉴定（鉴定编号：云种鉴定 2015009 号）；2020 年通过国家非主要农作物品种登记［登记编号：GPD 大麦（青稞）（2020）530022］。

（2）品种来源：云大麦 2 号/07BD-5（裸）。

（3）选育方法：杂交选育。

（4）选育单位：云南省农业科学院粮食作物研究所。

（5）主要育种者：杨金华、王志龙、乔祥梅、于亚雄、王志伟、程加省、程耿、李锦秀。

（6）特征特性：啤用。二棱皮大麦，弱春性，幼苗半直立，无花青素。株高 56 厘米，在高肥水条件下较适中。生育期 150 天。穗粒数 25 粒，实粒数 23 粒，结实率 92.5%。穗长 7.2 厘米，千粒重 47.9 克，抗倒伏。发芽率 97%，饱满粒率 99.7%，蛋白质含量 10.1%，麦芽浸出率 79.6%，糖化力 264WK，α-氨基氮含量 1 640 毫克/千克，库尔巴哈值 39.6%。抗条纹病，抗条锈病，抗黄矮病，抗根腐病，抗赤霉病，中感白粉病。

（7）产量：2013—2014 年度云南省种子管理站组织的饲料（青稞）大麦区域试验，平均亩产 375.1 千克。

（8）适宜种植区域及季节：适合在云南省海拔 900～2 400 米的大麦生产区于 10 月中下旬至 11 月中旬种植。

8. 云大麦 14 号

（1）登记情况：2014 年育成，原品系代号 14YD-5，2015 年通过云南省品种鉴定（鉴定编号：云种鉴定大麦 2015010 号）；2020 年通过国家非主要农作物品种登记［登记编号：GPD 大麦（青稞）（2020）530023］。

（2）品种来源：07YD-4（裸）/云大麦 2 号。

（3）选育方法：杂交选育。

（4）选育单位：云南省农业科学院粮食作物研究所。

（5）主要育种者：杨金华、于亚雄、乔祥梅、程加省、王志伟、王志龙、段江华、程耿等。

（6）入选主导品种情况：入选 2024 年云南省主导品种。

（7）特征特性：啤用。二棱皮大麦，全生育期 158 天。幼苗半直立，苗期长势强。叶宽大，叶耳白色，叶浅绿。株高适中，为 63.7 厘米，茎秆粗细适中。穗层中等整齐，穗芒呈黄色，株型紧凑。分蘖力强，成穗率中等。穗棒形，籽粒黄色椭圆形，穗长 7.2 厘米，每穗总粒数 25.6 粒，千粒重 45.9 克。发芽率 97%，饱满粒率 93.5%，蛋白质含量 9.7%，麦芽浸出率 80.0%，糖化力 275WK，α-氨基氮含量 1 500 毫克/千克，库尔巴哈值 39.2%。抗条纹病，抗黄矮病，抗根腐病，抗赤霉病，中抗白粉病。

（8）产量：2014—2015 年度云南省啤酒大麦良种区域试验，平均产量 404.54 千克/亩，较对照增产 1.52%，增产点次率 66.7%，增产点次为 6/9，居 12 个参试品种的第 4 位。

（9）适宜种植区域及季节：适合在云南省海拔 900～2 400 米的大麦生产区于 10 月中下旬至 11 月下旬种植。

9. 云大麦 15 号

（1）登记情况：2014 年育成，原品系代号 14BD-24，2015 年通过云南省品种鉴定（鉴定编号：云种鉴定 2015011 号）；2020 年通过国家非主要农作物品种登记［登记编号：GPD 大麦（青稞）（2020）530024］。

（2）品种来源：07YD-4（裸）/云大麦 2 号。

（3）选育方法：杂交选育。

（4）选育单位：云南省农业科学院粮食作物研究所。

（5）主要育种者：杨金华、于亚雄、程耿、王志龙、程加省、乔祥梅、王志伟、李锦秀等。

（6）特征特性：啤用。二棱皮大麦，幼苗半直立，苗期长势强。叶宽大，叶耳白色，叶浅绿色。全生育期 157 天，株高 67.4 厘米，穗芒呈黄色，株型紧凑。分蘖力中等，成穗率中等。穗棒形，中穗型，籽粒浅紫椭圆形，穗长 6.9 厘米，每穗总粒数 24.8 粒，千粒重 44.5 克。发芽率 99%，饱满粒率 98.4%，蛋白质含量 10.7%，麦芽浸出率 80.6%，糖化力 277WK，α-氨基氮含量 1 540 毫克/千克，库尔巴哈值 40.9%。抗条纹病，抗根腐病，抗赤霉病，中抗白粉病。

（7）产量：2013—2014 年度云南省啤酒大麦良种区域试验，平均产量 399.2 千克/亩，较对照增产 0.2%。

（8）适宜种植区域及季节：适合在云南省海拔 900～2 400 米的大麦生产区于 10 月中下旬至 11 月下旬种植。

10. 云啤麦 510

（1）登记情况：2016 年育成，原品系代号云大麦 16YD‑1，2022 年通过国家非主要农作物品种登记［登记编号：GPD 大麦（青稞）（2022）530022］。

（2）品种来源：S500/08BD‑6。

（3）选育方法：杂交选育。

（4）选育单位：云南省农业科学院粮食作物研究所。

（5）主要育种者：王志龙、杨金华、于亚雄、王志伟、程耿、乔祥梅、程加省、李灶福等。

（6）特征特性：啤酒大麦专用类型品种。生育期 162 天，常规种，二棱皮大麦，半冬性。株型半紧凑，植株半矮秆，株高 72.5 厘米，平均穗长 7.3 厘米。叶绿色，叶片蜡质缺失，叶姿直立，叶耳白，幼苗半匍匐。分蘖力强，穗密度中等，单株穗数 2.8 个，每穗结实 25.4 粒，单株粒重 3.68 克，千粒重 51.8 克。籽粒较大，籽粒黄色，椭圆粒。发芽率 99.00%，饱满粒率 96.20%，蛋白质含量 14.70%，麦芽浸出率 76.70%，糖化力 356.00WK，α‑氨基氮含量 1 680 毫克/千克，库尔巴哈值 39.00%。高抗条锈病，中感白粉病。

（7）产量：2016—2017 年度云南省啤酒大麦区域试验，平均亩产 407.6 千克，居第 10 位，比对照增产 5.3%，增产不显著，增产点次为 7/9。2017—2018 年度云南省啤酒大麦区域试验，平均亩产 434.9 千克，居第 7 位，比对照减产 2.8%，减产不显著，增产点次为 6/8。两年平均亩产 421.2 千克，比对照增产 1.0%，增产不显著，增产点次为 5/9。

（8）适宜种植区域及季节：适合在云南省海拔 900~2 400 米的大麦生产区于 10 月中下旬至 11 月下旬种植。

11. 云啤麦 511

（1）登记情况：2019 年育成，原品系代号云大麦 19YD（二）‑8，2022 年通过国家非主要农作物品种登记［登记编号：GPD 大麦（青稞）（2022）530026］。

（2）品种来源：云大麦 6 号/云啤 7 号。

（3）选育方法：杂交选育。

（4）选育单位：云南省农业科学院粮食作物研究所。

（5）主要育种者：王志伟、程加省、王志龙、乔祥梅、程耿、于亚雄等。

（6）特征特性：啤酒大麦专用类型品种。生育期 158 天，二棱皮大麦，半冬性。株型紧凑，植株半矮秆，株高 73.64 厘米，穗长 6.63 厘米。叶绿色，叶片蜡质中等，叶姿直立，叶耳白，幼苗直立。分蘖数中等，穗密度中等，单株穗数 3.7 个，每穗结实 22.96 粒，单株粒重 1.09 克，千粒重 47.33 克。籽粒较大，籽粒黄色，粒卵圆形。发芽率 99.00%，饱满粒率 88.80%，蛋白质含量 14.00%，麦芽浸出率 77.60%，糖化力 385.00WK，α-氨基氮含量 1 560 毫克/千克，库尔巴哈值 37.00%。高抗条纹病，高抗条锈病，高抗白粉病。

（7）产量：2019—2020 年度云南省啤酒大麦区域试验，8 试点平均亩产 412.44 千克，比对照增产 3.79%，增产极显著，增产点率 75%，居参试品种的第 5 位。2020—2021 年度云南省啤酒大麦区域试验，8 试点平均亩产 385.88 千克，比对照增产 27.89%，增产不显著，增产点率 87.5%，居参试品种的第 1 位。两年云南省啤酒大麦区试结果，平均亩产 399.16 千克，比对照增产 14.19%，增产点率 75.0%，居第 1 位。

（8）适宜种植区域及季节：适合在云南省海拔 900～2 400 米的大麦生产区于 10 月中下旬至 11 月下旬种植。

12. 云啤麦 512

（1）登记情况：2020 年育成，原品系代号云大麦 20YD（二）-5，2024 年通过国家非主要农作物品种登记［登记编号：GPD 大麦（青稞）（2024）530032］。

（2）品种来源：云大麦 4 号/S500。

（3）选育方法：杂交选育。

（4）选育单位：云南省农业科学院粮食作物研究所。

（5）主要育种者：王志龙、刘列、乔祥梅、王志伟、程加省、于亚雄、程耿等。

（6）特征特性：啤酒大麦专用类型品种。常规种，二棱皮大麦，半冬性，生育期 158 天。株型紧凑，植株半矮秆，株高 79.94 厘米，穗长 8.39 厘米。叶绿色，叶片蜡质中等，叶姿直立，叶耳红，幼苗直立。分蘖数中等，穗密度中等，单株穗数 3.59 个，每穗结实 27.44 粒，单株粒重 4.51 克，千粒重 45.74 克。籽粒较大，籽粒黄色，粒卵圆形。成熟期籽粒颜色变化情况为由浅红变黄。发芽率 99.00%，饱满粒率 92.40%，蛋白质含量 12.30%，麦芽浸出率 78.60%，糖化力 290.00WK，α-氨基氮含量 1 750 毫克/千克，库尔巴哈值 50.00%。高抗条纹病，高抗条锈病，抗白粉病。

（7）产量：2020—2021 年度云南省啤酒大麦区域试验，平均亩产 336.86 千克,比对照增产 35.14 千克,增产 11.65%,居 14 个参试品种的第 6 位。2021—2022 年度云南省啤酒大麦区域试验,平均亩产 393.57 千克,比对照增产 16.54 千克,增产 4.39%,居 14 个参试品种的第 6 位。

(8)适宜种植区域及季节:适合在云南省海拔 900~2 400 米的大麦生产区于 10 月中下旬至 11 月下旬种植。

13. 云啤麦 514

(1)登记情况:2021 年育成,原品系代号云大麦 21YD(二)-2,2024 年推荐申请国家非主要农作物品种登记。

(2)品种来源:云大麦 4 号/云啤 7 号。

(3)选育方法:杂交选育。

(4)选育单位:云南省农业科学院粮食作物研究所。

(5)主要育种者:王志龙、乔祥梅、王志伟、程加省、程耿、刘列、于亚雄、段江华、黄廷芝等。

(6)特征特性:啤酒大麦专用常规品种。二棱皮大麦,春性,生育期 160 天。株型半紧凑,植株半矮秆,平均株高 72.93 厘米,穗芒长直光,平均穗长 6.39 厘米。叶绿色,叶片蜡质缺失,叶姿直立,叶耳白,幼苗半匍匐。分蘖数中等,穗密度中等,单株穗数 2.43 个,每穗结实 25.97 粒,单株粒重 2.53 克,千粒重 43.52 克。籽粒较大,籽粒黄色,粒长圆形。发芽率 100%,饱满粒率 67.0%,蛋白质含量 11.2%,麦芽浸出率 78.9%,糖化力 379WK,α-氨基氮含量 1 790 毫克/千克,库尔巴哈值 57%。高抗条锈病,高抗条纹病,抗白粉病。

(7)产量:2021—2022 年度云南省啤酒大麦区域试验,平均亩产 380.81 千克,比对照增产 1.00%,居 14 个参试品种的第 8 位。2022—2023 年度云南省啤酒大麦区域试验,平均亩产 350.96 千克,比对照增产 1.52%,居 14 个参试品种的第 8 位。

(8)适宜种植区域及季节:适合在云南省海拔 1 600~2 400 米的大麦生产区于 10 月中下旬至 11 月下旬种植。

三、冬青稞品种介绍

1. 云大麦 12 号

(1)登记情况:2012 年育成,原品系代号云大麦 12YD-4,2015 年通过云南省品种鉴定(鉴定编号:云种鉴定 2015008 号);2020 年通过国家非主要农作物品种登记［登记编号：GPD 大麦（青稞）（2020）530021］。

（2）品种来源：07YD-4/云大麦 2 号。

（3）选育方法：杂交选育。

（4）选育单位：云南省农业科学院粮食作物研究所、丽江市农业科学研究所、迪庆州农业科学研究所。

（5）主要育种者：杨金华、于亚雄、和立宣、闵康、程加省、王志伟、王志龙、程耿、李锦峰、乔祥梅等。

（6）入选主导品种年份：2017 年入选云南省农业主导品种。

（7）特征特性：粮用，二棱大麦，裸粒。弱春性，幼苗半匍匐，株型紧凑。叶片深绿，茎秆粗壮，植株整齐，穗层整齐。成熟时穗低垂，熟相好，籽粒细长。株高 70 厘米，适宜在高肥水田块种植，抗倒伏性强。生育期 155 天，穗粒数 26 粒，千粒重 45.8 克。蛋白质含量 14.3%，淀粉含量 46.2%，赖氨酸含量 0.37%，β-葡聚糖含量 6.57%。中抗白粉病，中抗锈病。

（8）产量：在 2013 年云南省多点品种比较试验中，平均亩产 385 千克，较对照增产 15.6%。2014—2015 年参加云南省饲料大麦（青稞）区域试验，平均亩产 308.4 千克。

（9）适宜种植区域及季节：适合在云南省海拔 1 500～3 100 米的大麦（冬青稞）生产区于 10 月中下旬至 11 月下旬种植。

2. 云青 606

（1）登记情况：2016 年育成，原品系代号 16YD-7，2021 年通过国家非主要农作物品种登记［登记编号：GPD 大麦（青稞）（2021）530023］。

（2）品种来源：07YD-4/云大麦 2 号。

（3）选育方法：杂交选育。

（4）选育单位：云南省农业科学院粮食作物研究所。

（5）主要育种者：杨金华、于亚雄、王志龙、程耿、程加省、王志伟、乔祥梅等。

（6）特征特性：粮用常规品种，六棱裸大麦。半冬性，生育期 189.33 天。株型半紧凑，植株半矮秆，株高 100.4 厘米，穗长 5.43 厘米。叶色绿，叶片蜡质缺失，叶姿平展，叶耳白，幼苗半匍匐。分蘖数中等，穗密度中等，单株穗数 1.4 个，每穗结实 42.57 粒，单株粒重 2 克，千粒重 33.63 克。籽粒较大，籽粒黄色，粒形卵圆。蛋白质含量 13.68%，淀粉含量 70.63%，赖氨酸含量 0.24%，β-葡聚糖含量 6.31%。中抗条纹病，抗条锈病，中感白粉病。

（7）产量：2015—2016 年参加云南省多点品比产量试验，平均亩产 438.67 千克，比对照增产 21.68％。2016—2017 年参加云南省青稞区域试验，平均亩产 347.35 千克，比对照增产 13.76％，增产不显著，居第 3 位。

（8）适宜种植区域及季节：适合在云南省海拔 1 400～2 700 米的大麦（冬青稞）生产区于 10 月中下旬至 11 月下旬种植。

3. 云青 602

（1）登记情况：2018 年育成，原品系代号云青稞 2 号，2022 年通过国家非主要农作物品种登记［登记编号：GPD 大麦（青稞）（2022）530021］。

（2）品种来源：07YD－4／云大麦 2 号。

（3）选育方法：杂交选育。

（4）选育单位：云南省农业科学院粮食作物研究所。

（5）主要育种者：王志龙、杨金华、于亚雄、程耿、乔祥梅、王志伟、程加省等。

（6）特征特性：粮用，二棱大麦，裸粒。春性，幼苗半匍匐，株型半紧凑，植株矮秆。叶绿色，叶片蜡质很少，叶姿直立，叶耳白。分蘖数中等，穗密度中等，籽粒较大，籽粒黄色，粒椭圆形。株高 61.60 厘米，穗长 7.70 厘米；单株穗数 1.8 个，每穗结实 23 粒，单株粒重 1.60 克，千粒重 38.5 克。蛋白质含量 10.20％，淀粉含量 74.48％，赖氨酸含量 0.53％，β-葡聚糖含量 6.10％。免疫条纹病，免疫条锈病，免疫黄矮病，抗根腐病，免疫赤霉病，免疫白粉病。

（7）产量：2019—2020 年度参加云南省冬青稞区域试验，平均亩产 294.82 千克，比对照增产 0.0％，增产不显著，居 11 个参试品种的第 6 位。2020—2021 年度参加云南省冬青稞区域试验，平均亩产 215.56 千克，比对照增产 0.62％，增产不显著，居 11 个参试品种的第 7 位。两年平均亩产 255.19 千克，比对照增产 1.04 千克，增产 0.41％，增产不显著，居第 6 位。

（8）适宜种植区域及季节：适合在云南省海拔 1 400～2 700 米的大麦（冬青稞）生产区于 10 月中下旬至 11 月下旬种植。

4. 云青 604

（1）登记情况：2019 年育成，原品系代号 19QK－5，2022 年通过国家非主要农作物品种登记［登记编号：GPD 大麦（青稞）（2022）530027］。

（2）品种来源：08R919／09BL2－3。

（3）选育方法：杂交选育。

（4）选育单位：云南省农业科学院粮食作物研究所。

（5）主要育种者：王志伟、乔祥梅、王志龙、程耿、程加省、于亚雄等。

（6）特征特性：粮用类型品种。生育期151天，六棱裸大麦，春性。株型紧凑，植株半矮秆，株高110.36厘米，穗长8.66厘米。叶绿色，叶姿直立，叶耳白，幼苗半匍匐。分蘖数中等，穗密度中等，单株穗数1.69个，每穗结实47粒，单株粒重1.76克，千粒重37.50克。籽粒较大，籽粒黄色，粒卵圆形。蛋白质含量12.55%，淀粉含量85.05%，赖氨酸含量0.48%，β-葡聚糖含量6.30%。高抗条锈病，高抗白粉病。

（7）产量：2019—2020年云南省冬青稞品种区域试验，平均亩产366.67千克，比对照增产24.72%，增产显著，居第1位。2020—2021年云南省青稞品种区域试验，平均亩产263.71千克，较对照增产23.1%，增产不显著，居第4位。两年云南省青稞品种区域试验结果为平均亩产315.19千克，较对照增产24.02%，增产极显著，居第3位。

（8）适宜种植区域及季节：适合在云南省海拔1400～2700米的大麦（冬青稞）生产区于10月中下旬至11月下旬种植。

四、青贮大麦品种介绍

1. 云贮麦1号

（1）登记情况：2018年育成，原品系代号鹤18YD（二）-8，2024年通过国家非主要农作物品种登记［登记编号：GPD大麦（青稞）（2024）530008］。

（2）品种来源：云大麦6号/云啤7号。

（3）选育方法：杂交选育。

（4）选育单位：云南省农业科学院粮食作物研究所、鹤庆县农业技术推广中心。

（5）主要育种者：王志龙、段江华、王志伟、乔祥梅、李锦秀、刘列、张炳英、程加省、于亚雄、李锦峰、程耿、朱克、赵琼芬等。

（6）特征特性：该品种是云南省第1个申请登记的青贮专用大麦品种，也是云南省第1批通过国家品种登记的两个青贮专用品种之一，属青贮饲料用类型品种。半冬性，生育期148天。二棱皮大麦。株型紧凑，植株高秆，株高106.50厘米，穗长8.20厘米。叶绿色，叶片蜡质缺失，叶姿直立，叶耳白，幼苗直立。分蘖力强，穗密度中等，单株穗数3.2个，每穗结实25.8粒，单株粒重3.39克，千粒重41.10克。籽粒较大，籽粒黄色，粒椭圆形。水分含量 8.40%，蛋白质含量 14.88%，可溶性糖含量 12.40%，酸性洗涤纤维含量 39.10%，中性洗涤纤维含量 53.10%，木质素含量 12.20%。高抗条纹病，抗条锈病，抗白粉病。持绿性好，产量高，适应性广，品种丰产稳产性分析评价为"很好"。

（7）产量：2021—2022 年云南省青贮大麦品种区域试验，平均鲜重为亩产 3 800.17 千克，居第 1 位，较对照增产 450.00 千克，增产 13.43%；2022—2023 年云南省青贮大麦品种区域试验，平均亩产 2 959.75 千克，居第 1 位，较对照增产 642.08 千克，增产 27.70%。两年云南省青贮大麦品种区域试验，平均鲜重为亩产 3 379.96 千克，居第 1 位，较对照增产 546.04 千克，增产 19.27%，增产极显著。

（8）适宜种植区域及季节：适合在云南省海拔 1 000～2 400 米的大麦生产区于 10 月中下旬至 11 月下旬种植。

2. 云贮麦 2 号

（1）登记情况：2022 年育成，原品系代号云青贮麦 22 - 1，2024 年申请国家非主要农作物品种登记。

（2）品种来源：云大麦 6 号/云啤 7 号。

（3）选育方法：杂交选育。

（4）选育单位：云南省农业科学院粮食作物研究所。

（5）主要育种者：王志伟、刘列、乔祥梅、王志龙、程加省、程耿、黄廷芝、于亚雄、张炳英等。

（6）特征特性：青贮饲料用类型品种。二棱皮大麦，幼苗直立，株高 109.3 厘米，区试株高排名第 1。长芒，黄粒。基本苗 15.2 万株/亩，最高分蘖 63.8 万个/亩，单株分蘖数 4.4 个，有效茎/穗 49.2 万个/亩，生育期 148 天，单株有效茎/穗数 3.3 个。穗粒数 27.8 粒，穗长 8.4 厘米，单株产量 22.12 克，单株绿叶数 4.6 片。籽粒饱满，熟相好。干草率 37.25%，含水量 8.1%，粗蛋白含量 131.3 克/千克，可溶性总糖含量 154.3 毫克/克，酸性洗涤纤维含量 30.2%，中性洗涤纤维含量 56.4%，木质素含量 11.8%。抗条纹病，中抗条锈病，抗白粉病，品种丰产稳产性分析评价为"好"。

（7）产量：2021—2022 年云南省青贮大麦品种区域试验，平均鲜重为亩产 3 561.33 千克，居第 2 位，较对照增产 211.16 千克，增产 6.30%。2022—2023 年云南省青贮大麦品种区域试验，平均鲜重为亩产 2 761.62 千克，居第 2 位，较对照增产 443.95 千克，增产 19.16%。两年云南省青贮大麦品种区域试验，平均鲜重为亩产 3 161.48 千克，居第 2 位，较对照增产 327.56 千克，增产 11.56％，增产极显著。

（8）适宜种植区域及季节：适合在云南省海拔 1 500～2 400 米的大麦生产区于 10 月中下旬至 11 月下旬种植。

3. 云贮麦 3 号

（1）登记情况：2022 年育成，原品系代号云青贮麦 22－3，2024 年申请国家非主要农作物品种登记。

（2）品种来源：IBYT（HI）－20（六）/保大麦 16 号。

（3）选育方法：杂交选育。

（4）选育单位：云南省农业科学院粮食作物研究所。

（5）主要育种者：乔祥梅、王志伟、王志龙、刘列、程加省、程耿、黄廷芝、于亚雄、段江华等。

（6）特征特性：青贮饲料用类型品种。六棱皮大麦，生育期 143 天。幼苗半直立，株高 96.3 厘米。多长芒，黄粒。基本苗 18.0 万株/亩，最高分蘖 48.6 万个/亩，单株分蘖数 2.9 个，有效茎/穗 36.5 万个/亩，单株有效茎/穗数 2.1 个。穗粒数 56.1 粒，穗长 7.5 厘米，单株产量 16.5 克，单株绿叶数 3.6 片。籽粒饱满，熟相好。干草率 38.42％，含水量 6.36％，粗蛋白含量 5.08％，可溶性总糖含量 20.01％，酸性洗涤纤维含量 25.88％，中性洗涤纤维含量 37.84％，木质素含量 5.44％。抗条纹病，抗条锈病，抗白粉病。

（7）产量：2021—2022 年云南省青贮大麦品种区域试验，平均鲜重为亩产 3 207.04 千克，居第 8 位，较对照减产 143.13 千克，减产 4.27％。2022—2023 年云南省青贮大麦品种区域试验，平均亩产为 2 484.66 千克，居第 5 位，较对照增产 166.99 千克，增产 7.21％。两年云南省青贮大麦品种区域试验，平均鲜重为亩产 2 845.85 千克，居第 6 位，较对照增产 11.93 千克，增产 0.42％，增产不显著。

（8）适宜种植区域及季节：适合在云南省海拔 1 500～2 400 米的大麦生产区于 10 月中下旬至 11 月下旬种植。

主要参考文献

本刊编者. 啤酒大麦优良品种介绍 [J]. 云南农业科技 (1)：30 - 32.

毕云青，2012. 云南省大麦品种主要病害种类及为害现状 [C] //中国植物病理学会. 中国植物病理学会 2012 年学术年会论文集. 云南省农业科学院农业环境资源研究所：1.

毕云青，2012. 云南省大麦选培育品种主要病害种类及为害状况 [C] //郭泽建，吴元华. 中国植物病理学会 2012 年学术年会论文集. 北京：中国农业科学技术出版社：478.

陈和，黄如鑫，陈健，等，1995. 江苏大麦品种改良的回顾与展望 [J]. 大麦科学 (2)：5 - 6.

段永红，余亚莹，邓晶，等，2024. 我国作物种质资源库建设现状与发展探讨 [J]. 中国种业 (6)：24 - 28，33.

高新，吴金亮，李银江，等，2016. 云南大麦饲用模式分析与评价 [J]. 饲料与畜牧 (3)：54 - 58.

胡祖华，刘建全，2001. 黑龙江省啤酒大麦品种选育的进展 [J]. 大麦科学 (2)：17 - 20.

贾小玲，2018. 我国大麦生产技术效率及其影响因素研究 [D]. 北京：中国农业科学院.

贾小玲，孙致陆，李先德，2023. 中国大麦进口格局及进口多元化分析 [J]. 世界农业 (5)：57 - 67.

矫树凯，邓崇辉，郭希坚，1988. 吉林省大麦育种材料云南加代的选择问题 [J]. 吉林农业科学 (3)：12 - 14.

李国强，1999. 发挥优势　科学栽培　积极发展大理州大麦生产 [J]. 大麦科学 (2)：42 - 44.

李国强，2000. 六棱大麦品种 V43 特征特性及栽培要点 [J]. 大麦科学 (3)：40.

李国强，李江，张睿，等，2012. 大理州大麦育成品种及配套栽培技术 [J]. 大麦与谷类科学 (3)：16 - 19.

李国强，李江，张睿，等，2012. 优质高产啤酒大麦新品种凤大麦 6 号选育及配套栽培技术 [J]. 大麦与谷类科学 (1)：18 - 20.

李国强，张睿，刘帆，等，2013. 优质高产抗病啤酒大麦新品种凤大麦 7 号选育及配套栽培技术 [J]. 大麦与谷类科学 (3)：11 - 14.

李锦秀，杨金华，于亚雄，等，2023. 云南省啤酒大麦新品系适应性评价 [J]. 中南农业科技，44 (1)：248 - 250.

李锦秀，张炳英，杨金华，等，2022. 鹤庆县大麦生产现状及发展对策 [J]. 现代农业科技 (21)：59-62.

李赢，刘海翠，石吕，等，2023. 江苏裸大麦种质资源遗传多样性和群体结构分析 [J]. 作物学报，49 (10)：2687-2705.

李作安，梁长欣，许文芝，1998. 黑龙江啤麦基地大麦育种目标及育种策略 [J]. 大麦科学 (3)：10-12.

梁长东，徐大勇，李荣花，2005. 江苏大麦育种工作的回顾与建议 [J]. 大麦科学 (3)：1-3.

梁春芳，唐琳，1999. 云南元谋冬繁加代与部分作物引种初报 [J]. 西藏农业科技 (4)：37-40.

刘帆，杨俊青，蔡秋华，等，2019. 大理州大麦育种工作进展及思考 [J]. 大麦与谷类科学，36 (5)：6-9.

刘帆，杨俊青，蔡秋华，等，2020. 大理州大麦生产现状与发展对策 [J]. 大麦与谷类科学，37 (5)：52-56.

刘家篆，刘猛道，赵加涛，2019. 保山大麦生产现状及发展对策 [J]. 农业科技通讯 (2)：18-20.

刘列，王志伟，乔祥梅，等，2024.48 份云南大麦品种（系）氮高效鉴定及分析 [J/OL]. 分子植物育种，1-18 [2024-06-18].

刘列，于亚雄，乔祥梅，等，2023. 高蛋白大麦新品种云饲麦 406 的选育与栽培技术 [J]. 大麦与谷类科学，40 (3)：62-64.

刘晓宏，王艳平，汪鸿星，等，2024. 我国大麦新品种权保护现状与分析 [J]. 中国种业 (3)：1-5.

刘旭，郑殿升，黄兴奇，2013. 云南及周边地区农业生物资源调查 [M]. 北京：科学出版社.

卢良恕，1996. 中国大麦学 [M]. 北京：中国农业出版社.

鲁永新，邹萍，张中平，等，2013. 云南大麦种植气候生态类型区划与评价 [J]. 麦类作物学报，33 (1)：156-161.

罗树中，1987. 国内外大麦生产和育种概况 [J]. 农业科技通讯 (11)：2-3.

马宇，巴图，吕二锁，等，2020. 大麦育种与栽培技术研究现状分析 [J]. 北方农业学报，48 (5)：21-25.

米艳华，叶昌荣，戴陆园，2002. 云南省作物种质资源的研究现状及利用前景 [J]. 植物遗传资源科学 (3)：58-61.

米艳华，张建华，张金渝，等，2004. 云南青稞产业的现状及优势分析 [J]. 大麦科学 (4)：1-5.

乔海龙，陈健，沈会权，等，2013. 大麦遗传育种技术研究进展 [J]. 安徽农业科学，41 (10)：4302-4305.

孙立军，陆炜，张京，等，1999. 中国大麦种质资源鉴定评价及其利用研究 [J]. 中国农业科学（2）：26-33.

王德海，张平，张绍波，等，2019. 云南南繁的优势和潜力［J］. 中国种业（2）：55-56.

王学勇，2020. 元谋：冬繁良种"走四方"［J］. 致富天地（4）：18-19.

王志龙，王志伟，乔祥梅，等，2023. 密度和氮肥对青稞'云大麦12号'品质的影响［J］. 中国农学通报，39（16）：1-6.

王志龙，王志伟，乔祥梅，等，2023. 饲料大麦品种云大麦10号的选育［J］. 中国种业（8）：110-111.

王志龙，王志伟，乔祥梅，等，2024. 高产抗病啤酒大麦新品种：云啤麦511［J/OL］. 麦类作物学报，44（8）：1083.

王志龙，杨金华，于亚雄，等，2018. 云南22个大麦新品种（系）的营养品质分析［J］. 大麦与谷类科学，35（1）：23-26.

王志龙，杨金华，于亚雄，等，2018. 云南田、地2种栽培方式对大麦籽粒品质影响的研究［J］. 大麦与谷类科学，35（6）：25-29.

王志龙，于亚雄，2022. 云南大麦栽培技术［M］. 北京：中国农业出版社.

王志龙，于亚雄，程耿，等，2020. 高产青稞新品种云大麦12号（裸）选育及应用［J］. 种子，39（9）：129-131.

王志龙，于亚雄，乔祥梅，等，2021. 密度和氮肥对'云大麦12号'产量、农艺性状及光合特性的影响［J］. 分子植物育种，19（20）：6884-6890.

吴兴如，杨成英，1987. 谈我省大麦的开发利用［J］. 云南农业科技（1）：32-34.

徐平印，1993. 国际干旱地区农业研究中心（ICARDA）麦类作物育种情况［J］. 青海农林科技（1）：58-63.

徐廷文，孙立军，高达时，1988. 中国主要栽培大麦变种及其分布［J］. 四川农业大学学报（1）：1-8.

亚梦菲，刘人铜，王建林，2022. 2010—2020年我国大麦育种技术研究现状及展望［J］. 农技服务，39（2）：72-76.

姚勇，曹永立，贾志荣，等，2023. 山西省大麦产业化发展潜力与对策［J］. 山西农业科学，51（8）：953-960.

云南省农业科学院，2006. 云南省农业科学院院志（1950—2004）［M］. 昆明：云南科技出版社.

云南省农业科学院，2019. 云南省农业科学院科技专家传略（一）［M］. 昆明：云南科技出版社.

云南省农业科学院，2020. 云南省农业科学院科技专家传略（二）［M］. 昆明：云南科技出版社.

云南省农业科学院粮食作物研究所，2007. 云南省农业科学院粮食作物研究所所志（1979—2005）［M］. 昆明：云南科技出版社.

曾凤英，1991. 大麦夏繁育种出现的问题及其解决途径［J］. 大麦科学（2）：15 - 16.

曾学琦，恩在诚，伍绍云，1990. 云南栽培大麦的变种及生态区划［J］. 云南农业科技（2）：6 - 10.

曾学琦，恩在诚，周金生，1987. 云南发展啤酒大麦生产的展望［J］. 云南农业科技（6）：28 - 30.

曾亚文，恩在诚，1991. 啤酒大麦主要经济性状稳定性和适应性初探［J］. 大麦科学（3）：10 - 14.

曾亚文，周金生，1994. 云南高产区大麦品种生态适应性研究［J］. 大麦科学（3）：9 - 10.

曾亚文，周金生，1995. 优良啤酒大麦新品种［J］. 云南农业（9）：17.

张国平，邬飞波，2012. 译大麦生产、改良与利用［M］. 杭州：浙江大学出版社.

张京，李先德，2021. 现代农业产业技术体系建设理论与实践 大麦青稞体系分册［M］. 北京：中国农业出版社.

张英虎，沈会权，乔海龙，等，2018. 大麦种质资源农艺性状鉴定及其利用［J］. 大麦与谷类科学，35（4）：58 - 59.

张英虎，沈会权，臧慧，等，2016.1982—2011 年江苏大麦育成品种亲本分析［J］. 江苏农业科学，44（4）：141 - 145.

赵加涛，付正波，杨向红，等，2022. 保山市农科所育成大麦品种及其系谱分析［J］. 中国农学通报，38（19）：8 - 11.

赵加涛，刘猛道，郭勉艳，等，2011. 保山市啤饲大麦育种现状与发展对策［J］. 大麦与谷类科学（3）：69 - 71.

赵加涛，刘猛道，杨向红，等，2016. 保山市大麦种质资源的评价与利用［J］. 种子，35（4）：65 - 67，80.

赵加涛，刘猛道，杨向红，等，2018. 保山市南繁大麦制种现状及栽培集成技术［J］. 农业科技通讯（3）：200 - 202.

赵加涛、刘猛道，2023. 保山大麦科研与生产［M］. 昆明：云南大学出版社.

赵杰平，2021. 云南省非主要农作物管理工作探讨［J］. 种子科技，39（7）：30 - 31.

赵杰平，瞿桂鑫，郑智，2022. 云南省农作物种质资源保护与利用现状及发展思路［J］. 种子科技，40（7）：126 - 128，132.

浙江省农业科学院，青海省农林科学院，1989. 中国大麦品种志［M］. 北京：农业出版社.

郑殿升，游承俐，高爱农，等，2012. 云南及周边地区少数民族对农业生物资源的保护与利用［J］. 植物遗传资源学报，13（5）：699 - 703.

郑家文，2002. 发展优质啤饲大麦作为保山市小春生产突破口［J］. 大麦科学（4）：1 - 7.

郑家文，刘猛道，黄耀成，2008. 云南省啤饲大麦生产的历史回顾与前景展望［J］. 大麦与谷类科学（1）：55 - 57.

郑家文，刘猛道，字尚永，2009. 保山市农科所啤饲大麦育种科研工作成效显著［J］. 大麦与谷类科学（2）：9-10.

周金生，杨木军，顾坚，等，1997. 云南省大麦生产现状及发展前景 [J]. 云南农业科技
（3）：11-13.

周军，党爱华，李洁，2022. 东北啤酒大麦育种与产业现状 [J]. 大麦与谷类科学，39
（4）：52-54，59.

宗兴梅，2016. 丽江市大麦高产栽培技术研究与应用 [D]. 丽江：云南省丽江市农业科学
研究院.

ABELEDO L G, CALDERINI D F, SLAFER G A, 2004. Leaf appearance, tillering and
their coordination in old and modern barleys from Argentina [J]. Field Crops Research, 86
（1）：23-32.

ANGIRA A, SHARMA T, CHOUDHARY N, et al. , 2024. Viral diseases of field and
horticultural crops [M]. Viral Diseases of Field and Horticultural Crops：15-21.

BISHNOI S K, PATIAL M, LAL C, et al. , 2022. Barley Breeding [M]. Fundamentals of
Field Crop Breeding：259-308.

BROSE M, 2020. Barley Breathing [J]. Narrat Inq Bioeth, 10（3）：202-205.

CANTERO-MARTÍNEZ C, ANGAS P, LAMPURLANÉS J. , 2003. Growth, yield and
water productivity of barley （*Hordeum vulgare* L. ） affected by tillage and N fertilization
in Mediterranean semiarid, rainfed conditions of Spain [J]. Field Crops Research, 84
（3）：341-357.

CHALAK L, MZID R, RIZK W, et al. , 2015. Performance of 50 Lebanese barley landrac-
es （*Hordeum vulgare* L. subsp. *vulgare*） in two locations under rainfed conditions [J].
Annals of Agricultural Sciences, 60（2）：325-334.

CUESTA-MARCOS A, KLING J G, BELCHER A R, et al. , 2016. Barley：Genetics and
Breeding [M]. Encyclopedia of Food Grains：287-295.

ELAKHDAR A, SOLANKI S, KUBO T, et al. , 2022. Barley with improved drought tol-
erance：Challenges and perspectives [J]. Environmental and Experimental Botany, 201.

JAMIESON R W, SAYRE M B, 2010. Barley and identity in the Spanish colonial Audiencia
of Quito：Archaeobotany of the 18th century San Blas neighborhood in Riobamba [J].
Journal of Anthropological Archaeology, 29（2）：208-218.

JAN S, KHAN M N, JAN S, et al. , 2021. Trait phenotyping and molecular marker char-
acterization of barley （*Hordeum vulgare* L. ） germplasm from Western Himalayas [J].
Genetic Resources and Crop Evolution, 69（2）：661-676.

JAYAKODI M, PADMARASU S, HABERER G, et al. , 2020. The barley pan-genome
reveals the hidden legacy of mutation breeding [J]. Nature, 588（7837）：284-289.

KASEVA J, HAKALA K, HöGNäSBACKA M, et al. , 2023. Assessing climate resilience of barley cultivars in northern conditions during 1980—2020 [J]. Field Crops Research, 293.

KAUR V, ARAVIND J, MANJU, et al. , 2022. Phenotypic Characterization, Genetic Diversity Assessment in 6, 778 Accessions of Barley (*Hordeum vulgare* L. ssp. *vulgare*) Germplasm Conserved in National Genebank of India and Development of a Core Set [J]. Frontiers in Plant Science, 13.

LEE G, BACON S, BUSH I, et al. , 2021. Barely sufficient practices in scientific computing [J]. Patterns (N Y), 2 (2): 100206.

LIU J, LI X, SUN J. , 2023. China－Australia Trade Relations and China's Barley Imports [J]. Agriculture, 13 (8) .

LóPEZ－URREA R, DOMíNGUEZ A, PARDO J J, et al. , 2020. Parameterization and comparison of the AquaCrop and MOPECO models for a high－yielding barley cultivar under different irrigation levels [J]. Agricultural Water Management, 230.

MASCHER M, GUNDLACH H, HIMMELBACH A, et al. , 2017. A chromosome conformation capture ordered sequence of the barley genome [J]. Nature, 544 (7651): 427－433.

MEINTS B, VALLEJOS C, HAYES P. , 2021. Multi－use naked barley: A new frontier [J]. Journal of Cereal Science, 102.

MILNER S G, JOST M, TAKETA S, et al. , 2018. Genebank genomics highlights the diversity of a global barley collection [J]. Nature Genetics, 51 (2): 319－326.

MIRALLES D J, ABELEDO L G, PRADO S A, et al. , 2021. Barley [M]. Crop Physiology Case Histories for Major Crops: 164－195.

NINOU E, TSIVELIKA N, SISTANIS I, et al. , 2023. Assessment of Durum Wheat Cultivars' Adaptability to Mediterranean Environments Using G × E Interaction Analysis [J]. Agronomy, 14 (1)

OTERO E A, MIRALLES D J, PETON A, et al. , 2021. On－field assessment of the environmental modulation of malting quality in barley crops [J]. Field Crops Research, 271.

RAJENDRAN N R, QURESHI N, POURKHEIRANDISH M. , 2022. Genotyping by Sequencing Advancements in Barley [J]. Frontiers in Plant Science, 13.

RAMIREZ－VILLEGAS J, KHOURY C K, ACHICANOY H A, et al. , 2022. State of ex situ conservation of landrace groups of 25major crops [J]. Nature Plants, 8 (5): 491－499.

SAVVA A P, TELEZHENKO T N, SUVOROVA V A, et al. , 2022. Russian Pixel Three－Component Herbicide OD Product for Winter－Barley Crop Protection in Krasnodar Krai [J]. Russian Agricultural Sciences, 48 (4): 254－258.

SHAW P D, RAUBACH S, HEARNE S J, et al. , 2017. Germinate 3: Development of a Common Platform to Support the Distribution of Experimental Data on Crop Wild Relatives

[J]. Crop Science, 57 (3): 1259 - 1273.

SIELING K, KAGE H., 2022. Winter barley grown in a long - term field trial with a large variation in N supply: Grain yield, yield components, protein concentration and their trends [J]. European Journal of Agronomy, 136.

TANG L, LU H, SONG J, et al., 2021. The transition to a barley - dominant cultivation system in Tibet: First millennium BC archaeobotanical evidence from Bangga [J]. Journal of Anthropological Archaeology, 61.

ULLRICH S E, 2014. The Barley Crop: Origin and Taxonomy, Production, and End Uses [M]. Barley: 1 - 9.

VICENTE R, VERGARA - DíAZ O, KERFAL S, et al., 2019. Identification of traits associated with barley yield performance using contrasting nitrogen fertilizations and genotypes [J]. Plant Science, 282: 83 - 94.

附图 云南省农业科学院粮食作物研究所
大麦育种工作及品种照片

云南省农业科学院粮食作物研究所专家到临沧、保山检查指导云南省饲料大麦品种区域试验

云南省农业科学院粮食作物研究所每年组织召开"云南省麦类育种学术研讨会"进行大麦育种学术交流

云南省农业科学院粮食作物研究所组织的大麦青稞高产样板田间观摩会

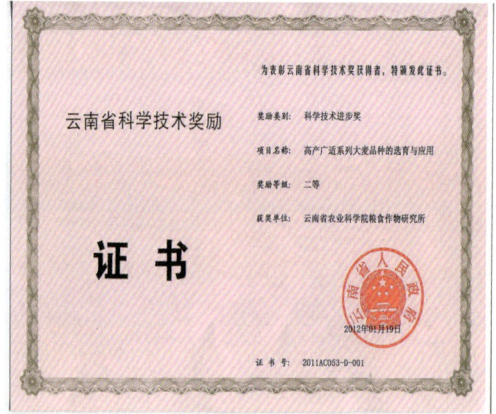

云南省农业科学院粮食作物研究所获得的部分大麦方面的科技奖励

饲料大麦品种：云大麦 1 号

饲料大麦品种：云大麦 10 号

饲料大麦品种：云饲麦 406

饲料大麦品种：云饲麦 407

饲料大麦品种：云饲麦 409

饲料大麦品种：云饲麦 410

饲料大麦品种：云饲麦 411

饲料大麦品种：云饲麦 412

饲料大麦品种：云饲麦 413

啤酒大麦品种：云大麦 2 号

啤酒大麦品种：云大麦 14 号

啤酒大麦品种：云啤麦 510

优质啤酒大麦品种：云啤麦 511

啤酒大麦品种：云啤麦 512

啤酒大麦品种：云啤麦 514

冬青稞品种：云大麦 12 号

冬青稞品种：云青 602

冬青稞品种：云青 604

青贮专用大麦品种：云贮麦 1 号

青贮专用大麦品种：云贮麦 3 号